短视频编导

策划+拍摄+制作一本通

（AI赋能版）

铁峰◎编著

化学工业出版社

·北京·

内容简介

本书以短视频编导的核心技能与AI技术应用为主线，系统解析从策划、拍摄到制作的全流程，旨在帮助读者掌握短视频创作的关键方法，提升创作效率，打造优质内容，成为行业佼佼者。随书附赠9课电子教案和PPT教学课件，144个教学视频，以及120个素材和效果文件，以便于读者随时随地进行学习与实践。本书具体内容围绕以下两条主线展开。

【核心技能解析】本书以短视频编导的核心技能为主线，系统讲解从策划、拍摄到制作的全过程。策划篇详细解读短视频编导的职业图谱、职业发展路径与流量获取策略，帮助读者快速入门并构建核心竞争能力。拍摄篇则聚焦脚本创作、拍摄技巧与镜头语言等关键技能，助力读者轻松拍摄出具有传播力的短视频作品。

【AI技术应用】本书紧密结合AI技术的最新发展趋势，介绍了AI在短视频创作中的实际应用。内容涵盖AI扩展创意、精准挖掘热点选题，AI生成分镜头、增强叙事表现，AI辅助内容创作、突破传统拍摄方式，以及智能剪辑与音频处理等关键环节。通过AI技术的赋能，读者可有效提高创作效率与作品质量，增强内容影响力。

本书结构清晰、语言简明，既适合短视频编导初学者快速入门，也适合有一定经验的创作者进一步提升技能，还可作为相关院校的专业教学参考用书。

图书在版编目（CIP）数据

短视频编导 ： 策划+拍摄+制作一本通 ： AI赋能版 / 铁峰编著. -- 北京 ： 化学工业出版社，2026. 2.

ISBN 978-7-122-49788-8

Ⅰ. TN948.4-39

中国国家版本馆CIP数据核字第20267UX505号

责任编辑：郭　阳　李　辰　　封面设计：异一设计
责任校对：李　爽　　装帧设计：盟诺文化

出版发行：化学工业出版社（北京市东城区青年湖南街13号　邮政编码100011）
印　　装：天津裕同印刷有限公司
710mm × 1000mm　1/16　印张13　字数253千字　2026年3月北京第1版第1次印刷

购书咨询：010-64518888　　售后服务：010-64518899
网　　址：http://www.cip.com.cn
凡购买本书，如有缺损质量问题，本社销售中心负责调换。

定　　价：89.00元

PREFACE 前言

◎ 写作驱动

在这个短视频盛行的时代，每一条简短而有力的视频都在无声地讲述着故事，传递着信息，影响着无数人的生活。然而，随着短视频市场的日益繁荣，内容同质化现象愈发严重，如何在众多作品中脱颖而出，成为短视频编导面临的一大难题。

观众对短视频的期待已不再满足于短暂的娱乐消遣，他们渴望看到更具深度、创意和情感共鸣的内容。这要求短视频编导不仅要有敏锐的洞察力和独到的创意，还需掌握先进的拍摄技术和后期制作手段，更需紧跟时代步伐，充分利用AI技术为创作赋能。但如何有效地将AI技术融入短视频创作，实现技术与艺术的完美结合，成了摆在短视频编导面前的新挑战。

本书旨在为短视频编导从业者及爱好者提供一套全面、系统、实用的解决方案，帮助大家突破创作瓶颈，提升作品品质，让观众在海量短视频中一眼就能看到你的作品。

◎ 本书特色

本书的最大特色在于其全面性、实用性和前沿性。它不仅涵盖了短视频编导从策划、拍摄到制作的全过程，还深入讲解了AI技术在短视频创作中的应用，为读者提供了丰富的实战案例和前沿技术动态。

（1）深度解析，直击痛点

本书从短视频编导的实际需求出发，介绍了短视频创作的各个环节，包括策划、拍摄、制作等，针对每个环节中的痛点问题，给出了具体、可行的解决方案。无论是初学者还是有一定经验的从业者，都能从中找到适合自己的提升路径。

（2）AI赋能，创新无限

本书特别强调了AI技术在短视频创作中的核心作用。从利用AI进行市场趋势分析、用户偏好洞察，到用AI生成脚本、设计分镜头，再到用AI辅助进行视频创作、音频剪辑，以及用AI数据分析优化运营策略，本书全面展示了AI如何深度融入短视频创作的各个环节，为短视频编导带来前所未有的创作便利和创新空间。通过AI的赋能，短视频编导能够更精准地把握市场需求，更高效地创作出符合观众期待的作品。

（3）实战导向，注重操作

本书注重实战应用，通过丰富的实战案例和详细的操作步骤，帮助读者快速掌握短视频创作的核心技能。同时，书中还提供了大量的素材、效果，方便读者进行实践操作和创作实践，让理论知识与实际操作紧密结合，提升创作效率。

（4）图文并茂，易于理解

本书采用图文并茂的编写方式，通过生动的图片和详细的文字描述，将复杂的短视频创作过程直观化、简单化。无论是对于初学者还是有一定经验的从业者来说，都能轻松上手，快速掌握相关知识和技能。同时，随书赠送的电子教案、教学视频、PPT教学课件以及素材和效果文件等丰富资源，也为读者提供了更加立体、便捷的学习支持。

◎ 教学资源

本书提供的配套教学资源及数量如下表所示。

教学资源及数量表

序号	教学资源	数量
1	电子教案	9课
2	素材	47个
3	提示词	35条
4	效果	73个
5	视频	144个
6	PPT课件	187页

◎ 获取方式

如果读者需要获取书中案例的提示词、效果、素材和视频，请使用微信“扫一扫”功能按需扫描右侧对应的二维码即可。

扫码下载
随书配套资源

◎ 特别提示

本书在编写时，是基于当前各种工具的功能页面截取的实际操作图片，但本书从编辑到出版需要一段时间，这些工具的功能和页面可能会有变动，请在阅读时，根据书中的思路举一反三进行学习。其中，剪映电脑版为7.7.0的版本。

部分工具和平台的功能可能需要开通会员才能使用。读者在使用这些功能时，需要了解并遵守相应的会员规定。

◎ 编写团队

本书由铁峰编著，提供素材和拍摄帮助的人员还有向小红等人，在此表示感谢。由于作者知识水平有限，书中难免有疏漏之处，恳请广大读者批评、指正。

CONTENTS

目录

【策划篇】

第1章　职业图谱：短视频编导全解析，快速入门 …… 1

1.1　短视频编导攻略：成为行业领袖的必备手册 …… 2

1.1.1　揭秘编导职责，打造核心竞争力 …… 2

1.1.2　协同导演摄影，打造高效团队 …… 3

1.1.3　AI技能加持，编导创新制胜法宝 …… 3

1.1.4　差异化内容策略，精准征服用户 …… 4

1.1.5　新手编导避坑，快速成长无烦恼 …… 5

1.2　编导职业跃迁：年薪百万不是梦 …… 6

1.2.1　构建核心能力，奠定职业成功基石 …… 6

1.2.2　掌握AI跨领域技能，拓宽职业边界 …… 7

1.2.3　个人IP与资源整合，打造品牌价值 …… 8

1.3　短视频流量秘籍：轻松解锁流量宝藏 …… 8

1.3.1　揭秘短视频核心价值，抢占流量高地 …… 9

1.3.2　剖析平台特点，精准定位内容方向 …… 9

1.3.3　洞悉用户偏好，AI赋能引领创新 …… 10

本章小结 …… 11

课后习题 …… 11

第2章　内容策划：AI扩展创意，精准挖掘热点选题 …… 12

2.1　短视频账号定位：精准捕捉，短视频流量密码 …… 13

2.1.1　厘清账号定位的核心要素 …… 13

2.1.2　账号定位的重要性与必要性 …… 14

2.1.3　精准打造账号标签的策略 …… 14

2.1.4 账号定位的基本流程与步骤……15
2.1.5 短视频账号定位的实用方法……16
2.1.6 AI助力短视频账号快速起号……16
2.2 短视频选题指南：揭秘热点，点燃创意火花……17
2.2.1 短视频选题类型概览……17
2.2.2 选题的相关技巧与策略……19
2.2.3 选题的实操方法与步骤……20
2.3 短视频内容构思：匠心独运，打造爆款内容……21
2.3.1 确定剧本方向与核心主题……22
2.3.2 短视频内容的4大基本要求……23
2.3.3 短视频创意内容构思技巧……25
2.4 DeepSeek网页版解析：智能交互新体验……27
2.4.1 注册与登录：快速接入AI平台……27
2.4.2 对话升级：畅享智能交互体验……28
2.4.3 思考模式揭秘：深度理解AI逻辑……29
2.4.4 信息检索优化：高效联网搜索……30
2.4.5 案例1：利用AI策划旅游类短视频选题……31
2.4.6 案例2：利用AI助力美食短视频内容创新……32
2.4.7 案例3：利用AI策划教育类短视频选题与内容……33
本章小结……35
课后实训……35

【拍摄篇】

第3章 脚本创作：AI生成分镜头，让故事更生动……37
3.1 脚本创作：从0到1掌握短视频叙事……38
3.1.1 脚本定义与价值……38
3.1.2 脚本的关键作用……38
3.1.3 3大主流脚本类型……39
3.1.4 创作前的准备清单……39

3.1.5 脚本的6大核心要素 …… 40
3.1.6 编写高转化脚本技巧 …… 41
3.2 优化脚本：让短视频内容更具吸引力 …… 42
3.2.1 用户视角：吸引观众注意力的黄金法则 …… 42
3.2.2 视觉美学：打造电影级画面的秘诀 …… 43
3.2.3 冲突设计：用转折点提升故事张力 …… 44
3.2.4 爆款拆解：向经典脚本学习叙事技巧 …… 45
3.2.5 数据验证：高点赞脚本的共性特征 …… 45
3.3 AI短视频脚本案例：用Kimi打造爆款短视频 …… 46
3.3.1 Kimi功能全解析：从界面到核心能力 …… 46
3.3.2 提示词工程：如何用Kimi生成高质量脚本 …… 48
3.3.3 案例1：用AI生成美食账号短视频脚本 …… 50
3.3.4 案例2：用AI生成旅行账号短视频脚本 …… 51
3.3.5 案例3：用AI生成知识分享账号短视频脚本 …… 52
3.4 AI短视频分镜案例：用豆包设计电影级分镜头 …… 53
3.4.1 豆包功能全解析：从界面到AI绘画能力 …… 53
3.4.2 分镜设计技巧：如何用豆包提升画面表现力 …… 54
3.4.3 案例1：用AI设计情感类分镜头画面 …… 54
3.4.4 案例2：用AI设计动漫类分镜头画面 …… 57
本章小结 …… 60
课后实训 …… 60

第4章 拍摄技术：精通镜头语言，轻松拍出爆款 …… 64

4.1 短视频拍摄：解锁专业技巧，打造优质内容 …… 65
4.1.1 设备篇：解锁短视频拍摄神器 …… 65
4.1.2 景别篇：掌握短视频取景秘籍 …… 66
4.1.3 手机拍摄：手机也能拍出大片感 …… 68
4.1.4 高质量拍摄技巧：快速提升视频质感 …… 70
4.1.5 构图美学：打造视觉盛宴的秘诀 …… 72
4.1.6 光影艺术：光的运用让视频更迷人 …… 73

4.2 短视频运镜：玩转镜头语言，提升视觉感受 …… 75
4.2.1 上摇后拉：视野拓展与场景转换 …… 75
4.2.2 上移对冲+后拉：动态追踪与空间延伸 …… 77
4.2.3 环绕+跟摇：全方位展示与沉浸体验 …… 79
4.2.4 旋转回正+过肩后拉：视角转换与情感渲染 …… 80
4.2.5 希区柯克变焦：营造紧张氛围的绝技 …… 82
本章小结 …… 84
课后实训 …… 84

【生成篇】

第5章 视频生成：用AI创作内容，颠覆传统拍摄 …… 86
5.1 AI视频创作：从概念快速到实践 …… 87
5.1.1 核心概念：AI视频技术原理 …… 87
5.1.2 工具对比：主流AI视频创作平台 …… 87
5.1.3 视觉叙事：AI视频表达技巧 …… 89
5.1.4 即梦页面：入门到精通指南 …… 90
5.2 AI文生视频：从文字到画面的智能创作 …… 91
5.2.1 运镜控制：打造电影级镜头语言 …… 91
5.2.2 运动速度：精准调节视频节奏 …… 93
5.2.3 画面比例：适配多平台的最佳实践 …… 94
5.2.4 流畅模式：提升视频观感的秘诀 …… 96
5.2.5 时长设置：AI生成视频的长度控制 …… 98
5.2.6 对口型视频：AI语音与画面的完美同步 …… 99
5.3 AI图生视频：从静态到动态的视觉升级 …… 101
5.3.1 单图生成视频：快速实现动态化 …… 101
5.3.2 尾帧设计：增强视频的叙事完整性 …… 103
5.3.3 画面编辑：AI辅助视频优化与调整 …… 106
本章小结 …… 108
课后实训 …… 108

第6章 智能剪辑：从基础到专业，打造视觉盛宴……110

6.1 剪映基础全攻略：轻松上手，创意无限……111
6.1.1 核心功能：剪映大揭秘……111
6.1.2 深入剖析：剪映的工作界面……112
6.2 专业剪辑技巧：掌控节奏感，创作电影级作品……113
6.2.1 顺叙剪辑：创造条理感……113
6.2.2 倒叙剪辑：增强悬念感……115
6.2.3 快速剪辑：激发节奏感……118
6.2.4 慢节奏剪辑：营造沉浸感……119
6.3 智能后期剪辑：AI高效制作，开启视觉盛宴……120
6.3.1 智能裁剪：调整视频比例……121
6.3.2 智能补帧：让动画流畅度倍增……122
6.3.3 智能降噪：提升电影短视频画质……124
6.3.4 智能人像美化：一键提升主角颜值……125
6.3.5 智能抠像处理：轻松分离视频背景……126
6.4 智能视频剪辑：AI精准匹配视频内容……128
6.4.1 图文成片：一键生成创意短视频……128
6.4.2 模板化剪辑：快速打造热门短视频……131
本章小结……133
课后实训……134

第7章 音频剪辑：AI一键配音，让声音更出彩……136

7.1 音频素材创作：从灵感迸发到成品输出……137
7.1.1 灵感驱动：AI辅助创意音频生成……137
7.1.2 视觉与听觉融合：图片元素转音频技术……139
7.1.3 歌词创作：AI赋能音乐化内容生产……140
7.1.4 智能标签：精准匹配音频与场景需求……142
7.1.5 模板化制作：快速生成高质量音频素材……143
7.2 智能音频剪辑：打造专业级听觉体验……145
7.2.1 真人配音优化：降噪与音质提升技巧……145
7.2.2 AI配音主播：多风格语音库的应用……146

7.2.3 人声提取：智能分离背景音与对话……148
7.2.4 音色变换：一键切换声音风格……149
7.2.5 场景音效：AI智能匹配环境声音……150
7.2.6 一键成曲：从脚本到配乐的自动化流程……151
7.2.7 变速处理：精准控制音频节奏……152
7.2.8 淡入淡出：打造流畅的音频过渡效果……153
本章小结……154
课后实训……154

【运营篇】

第8章 平台运营：AI强力赋能，快速打造爆款IP……156
8.1 AI助力账号运营：从0到1快速起号……157
8.1.1 科技热点号：AI追踪热点与内容生成……157
8.1.2 头像壁纸号：AI设计工具与素材优化……158
8.1.3 小说推广号：AI生成剧情解说与视觉化内容……160
8.1.4 流量营销号：AI辅助流量获取与转化……161
8.2 AI文案创作：打造高转化短视频内容……161
8.2.1 标题创作：AI生成吸睛标题的秘诀……162
8.2.2 宣传片脚本：AI赋能品牌故事讲述……163
8.2.3 Vlog脚本：AI打造个性化日常记录……164
8.2.4 配乐方案：AI智能匹配背景音乐……164
8.2.5 运营建议：AI提供账号优化策略……165
8.3 AI活动策划：引爆用户参与的秘密武器……166
8.3.1 活动策划前期：AI辅助需求分析与目标设定……166
8.3.2 活动执行技巧：AI优化流程与资源分配……168
8.3.3 AI实战案例：从策划到落地的全流程解析……170
8.4 AI数据分析：精准洞察用户与内容趋势……171
8.4.1 用户画像：AI生成精准用户标签与行为分析……171
8.4.2 爆款内容：AI拆解高流量视频的成功要素……172

8.4.3 账号诊断：AI提供数据驱动的优化建议 ……173
本章小结 ……174
课后习题 ……174

第9章 引流推广：AI辅助吸粉，轻松积累百万粉丝 ……175

9.1 AI助力短视频引流：轻松打造百万粉丝矩阵 ……176
9.1.1 原创内容引流：激发创意，独占鳌头 ……176
9.1.2 付费推广引流：精准投放，快速吸粉 ……176
9.1.3 直播预告引流：预热造势，引爆流量 ……176
9.1.4 评论互动引流：增强粘性，口碑传播 ……177
9.1.5 私域流量引流：深度挖掘，高效转化 ……177
9.1.6 矩阵账号引流：多管齐下，扩大影响 ……178
9.1.7 热点话题引流：紧跟潮流，借势营销 ……179
9.1.8 线下POI引流：线上线下，无缝对接 ……179
9.2 AI数字人矩阵引流：开启智能吸粉新时代 ……179
9.2.1 定义与解析：数字人矩阵引流的革命性变革 ……180
9.2.2 实施步骤：从零到一，构建你的数字人矩阵 ……181
9.2.3 注意事项：规避风险，确保引流效果最大化 ……182
9.2.4 案例展示：AI数字人的成功实践与应用 ……183
9.3 AI助力短视频推广：颠覆传统，重塑营销格局 ……188
9.3.1 内容创作与分发：打造爆款，精准触达 ……188
9.3.2 数据分析与优化：洞察数据，持续优化 ……189
9.3.3 创新营销手段：突破传统，引领潮流 ……190
9.3.4 提升营销效率：高效执行，倍增收益 ……190
9.3.5 市场营销计划：策略先行，全局把控 ……191
9.3.6 营销策略建议：专业指导，精准施策 ……192
9.3.7 推广计划制订：多渠并进，全面覆盖 ……193
本章小结 ……194
课后习题 ……194

【策划篇】

第1章

职业图谱：

短视频编导全解析，快速入门

在短视频行业中，编导不仅是内容的匠人，更是创意策划与执行的灵魂舵手。本章将全面剖析短视频编导的职责精髓与成长轨迹，融合AI科技与创新内容策略，助你打造独特竞争力，迅速迈入行业大门，实现职业飞跃。同时，揭秘短视频流量秘籍，让你在激烈的市场角逐中脱颖而出。

1.1 短视频编导攻略：成为行业领袖的必备手册

短视频行业迅速发展，编导作为创意策划与执行的核心角色，承担着重要职责。本节将带领大家了解短视频编导的关键技能，包括与团队的协作、AI技术的运用、差异化内容策略的制订等。同时，还将帮助新手编导避开成长中的常见误区，快速提升，迈向行业领袖之路。

1.1.1 揭秘编导职责，打造核心竞争力

扫码看教学视频

在短视频创作快速发展的过程中，编导的角色变得尤为重要。作为内容创作的核心人物，编导不仅要具备扎实的创意和执行能力，还需要适应不断变化的市场需求和技术，特别是在AI技术逐渐普及的背景下。那么，究竟什么是编导？他们在短视频创作中承担着哪些职责，又需要具备哪些技能呢？

1.1.1.1 什么是编导？

编导，全称为视频内容编导，是短视频创作团队中的核心角色。编导负责从创意构思到最终视频呈现的全程规划与执行，承担着策划者、导演和执行者的多重责任。他们的职责是将创意转化为可视化的作品，确保视频内容既能符合平台的特点，又能精准触达目标观众。

编导的岗位职责通常包括以下几方面。

① 创意策划　根据平台特性和受众需求，设计出有吸引力的短视频内容。

② 脚本编写　将创意转化为详细的脚本，包括对话、场景、动作等，提供明确的拍摄指导。

③ 现场调度　组织拍摄团队，指导演员和工作人员的表现，确保拍摄进度和质量。

④ 后期制作　参与视频的剪辑、调色、音效等后期工作，确保视频效果符合预期。

1.1.1.2 编导需要掌握的技能

在短视频创作中，编导不仅需要有出色的创意思维，还必须具备多方面的技能来支撑整个制作流程，下面是编导必须掌握的一些核心技能。

① 创意思维与表达能力　编导必须具备独特的创意构思，并能将其通过脚本、镜头语言等方式精准呈现。

② 扎实的文字功底　脚本编写能力至关重要，编导需要能够清晰地将构思

转化为具体的拍摄指导。

③ 良好的沟通与协调能力　编导需要协调导演、摄影师、演员等各个角色，保证创作过程高效、顺畅。

④ 基本的视频剪辑与后期制作技能　编导需要对视频后期制作的基本操作有一定了解，能够有效地与后期团队合作。

⑤ 掌握AI辅助创作工具　编导需要熟悉AI写作助手、AI剪辑软件等工具，以提高创作效率，减少人工操作，提升视频质量。

1.1.2 协同导演摄影，打造高效团队

扫码看教学视频

短视频创作是一个多环节协作的过程，涉及剧本、拍摄、剪辑、后期等多个方面。其中导演与摄影师之间的协作尤为重要。导演负责创意构思与剧情指导，而摄影师则将导演的构思通过镜头语言呈现出来。两者的默契配合有助于提升短视频的质量与传播效果。

协同导演摄影就意味着共同制订拍摄计划，设计镜头与摄影技巧，确保每个细节都符合创作需求，达到最佳视觉效果。为了实现这一目标，以下是几个关键步骤和建议，如图1-1所示。

沟通和共享创意 →	导演和摄影师应定期交流，明确短视频的整体风格、镜头需求和情感表达。导演需详细解释剧本中的关键镜头及期望传达的情感或信息
共同规划镜头设计 →	在拍摄前，导演和摄影师应规划镜头角度、运动与构图。动态镜头可增强紧张感，而静态镜头则突出情感表达
灵活应对现场调整 →	拍摄过程中，导演需要关注摄影效果，摄影师则根据指示调整。双方需要灵活应对现场不可预见的情况，确保拍摄顺利进行
高效分工与协作 →	导演和摄影师要与其他部门密切配合，如灯光、音效等，确保协调和时间管理高效有序，避免不必要的延误

图 1-1　协同导演摄影的相关技巧

1.1.3 AI技能加持，编导创新制胜法宝

扫码看教学视频

随着AI（Artificial Intelligence，人工智能）技术的快速发展，短视频编导在创作中可以利用AI工具提升创作效率，增加创意，优化效

果，改变传统的制作方式，使短视频制作更加灵活和精准。例如，AI可以在剧本创作时进行情节推演，在剪辑时自动选择最佳镜头，甚至在拍摄过程中通过智能设备调整光线和构图，提升短视频的创作质量。

以下是AI技能加持的几种关键应用，如图1-2所示。

剧本创作与AI辅助	AI写作工具可以根据提示词和框架，快速生成剧本大纲或创意构思，编导可在此基础上进行修改，创作创新内容
智能剪辑与后期制作	AI剪辑工具可以根据节奏、情感自动识别最佳镜头，节省时间，并通过人脸识别和动作捕捉技术提升后期制作的专业性
AI辅助拍摄与调度	AI能通过智能镜头控制和自动聚焦优化拍摄效果，同时帮助编导调度拍摄进度，优化拍摄流程
数据分析与创作反馈	AI可以帮助分析观众反馈，提供创作方向的建议，帮助编导更好地了解市场趋势和观众需求
创意与AI的平衡	使用AI可以提升创作效率，但创意依然需要由编导主导。过度依赖AI可能导致作品缺乏个性和创新

图1-2　AI技能加持的几种关键应用

1.1.4　差异化内容策略，精准征服用户

扫码看教学视频

差异化内容策略是通过精确理解目标用户的需求与兴趣，创作独特且有价值的内容，以在激烈的市场竞争中脱颖而出。由于短视频平台的内容竞争异常激烈，创作者必须深刻了解其受众群体，从而满足他们的需求并提高用户粘性，内容如下。

① 深入用户分析　通过数据分析、用户反馈等手段，了解用户的兴趣、需求和痛点，为内容创作提供依据。

② 明确内容定位　根据目标受众的特点，确定内容的主题、形式与风格。例如，针对年轻人群体可以创作轻松有趣的内容，而针对职场人群则适合制作实用性强的职场技巧类内容。

③ 保持内容创新　通过创意和形式上的不断创新，吸引用户注意。比如，采用独特的拍摄角度、叙事方式等，保持新鲜感。

④ 多平台运营　通过不同平台传播内容，定制适应各平台需求的内容，扩大影响力。

以某网红的短视频为例，她通过精准的内容定位，展示传统文化和乡村生

活，吸引了大量观众。她的视频风格自然、诗意，满足了观众对慢生活和传统文化的情感需求，成功塑造了个人品牌并实现了商业化，其相关案例如图1-3所示。

图 1-3　短视频案例

1.1.5　新手编导避坑，快速成长无烦恼

扫码看教学视频

新手编导进入短视频行业时，常面临创作思路混乱、技术掌握不足等问题。要想避开这些“坑”，快速成长，需关注以下几点，如图1-4所示。

基础学习	了解短视频制作流程，包括创意构思、脚本编写、拍摄和剪辑技巧
积累实践经验	通过参加培训、观看专家分享或参考成功案例积累知识
关注市场与受众需求	了解受众的偏好和平台趋势，确保创作方向符合市场需求，避免内容脱离趋势
借鉴经验，少走弯路	向经验丰富的编导请教，学习他们的创作技巧，减少不必要的错误
坚持原创与创新	避免抄袭，发掘独特的创作视角，打造与众不同的内容，创造长久的成功

图 1-4　新手编导避坑的几点要求

1.2 编导职业跃迁：年薪百万不是梦

短视频行业高速发展，编导的职业路径也充满无限可能。本节将探讨如何构建核心能力，奠定职业成功的基石，让创作更具竞争力。随着AI技术的进步，掌握跨领域技能已成为拓宽职业边界的关键。此外，个人IP塑造与资源整合能力将决定职业高度，只有打造独特品牌价值，才能在行业中脱颖而出，实现从普通编导到年薪百万的跃迁。

1.2.1 构建核心能力，奠定职业成功基石

扫码看教学视频

短视频行业的竞争，早已超越了创意层面的较量。真正决定编导职业高度的，是一套完整且系统的核心能力框架。这不仅仅是策划、拍摄和剪辑等传统技能的简单叠加，更包括精准的用户洞察、深入的数据分析、灵活的商业化思维和高效的团队协作能力。在AI技术的迅猛发展下，编导的角色已不再局限于单一的内容创作者，而是逐步向具备全链条掌控力的战略型人才演进。下面是构建核心能力的几个关键方法。

1.2.1.1 叙事能力：打动观众心灵的力量

短视频的本质是一种信息浓缩的艺术。优秀的编导需要具备精炼而有效的叙事能力，能够在短短几秒或几分钟内，通过精准的故事框架和情感调动，打动观众。无论是情节类、知识类，还是广告营销短片，都要在有限的时间内，展现出完整且引人入胜的故事逻辑。情节的反转、节奏的控制以及情感的升腾，都是短视频成功的关键因素。

1.2.1.2 用户洞察：精准触及受众需求

即使内容极为精彩，如果脱离了观众的真实需求，依然无法产生足够的影响力。编导必须具备深度的用户洞察力，真正理解目标群体的需求、兴趣和心理。通过数据分析与用户画像，结合AI推荐算法的支持，编导能更精准地调整内容方向，让短视频作品精准触及目标群体，提高传播效率，提升用户粘性和内容转化率。

1.2.1.3 影像语言：赋予视觉生命力

短视频的力量不仅来源于内容的创意，也来源于影像的表现力。编导需要精通镜头语言、构图原理、光影变化等视觉表达技巧，通过画面的细节与节奏，增强观众的沉浸感。除了拍摄阶段的基础功夫，后期剪辑同样至关重要。编导需对节奏把控、特效运用和转场设计游刃有余，以打造独特的视觉冲击力，让每一帧都充满力量。

1.2.1.4　AI赋能：创作的加速器与创新源泉

在AI技术日益成熟的今天，编导不再是单纯的创作工具的操控者，而是一个能借力AI技术提升创作效率与创新力的操盘手。AI的介入，使得从智能剪辑、文案生成到精准数据分析的各个环节都能实现高效化。编导应善于运用AI工具，不仅能在选题上借助智能推荐算法提高预测准确度，还能在后期制作中利用AI加速剪辑流程，甚至通过AIGC（AI Generated Content，人工智能生成内容）推动创意的创新与突破。

1.2.1.5　商业化思维：实现内容的最大化价值

短视频编导的价值，不仅仅体现在创作能力上，更在于其能够精准匹配市场需求，实现创意与商业价值的深度融合。具备商业化思维的编导，能够从品牌合作、IP建设到流量变现等多个维度，创新商业模式并扩大内容的传播范围。通过对数据的分析与用户需求的深刻理解，编导能制订出高转化率的内容策略，实现创意与商业目标的完美对接。

1.2.1.6　团队协作：提升执行力与跨职能管理能力

短视频制作是一个高度协同的过程，编导不仅需要具备个人创作能力，更要能够高效管理团队和协作资源。从导演、摄影师、剪辑师到运营人员，编导需要确保高效沟通与精准分工，进而保障项目的顺利推进。优秀的编导善于统筹全局，整合内外部资源，最大化提升内容的影响力，不仅要协调团队内部合作，还要有效对接MCN机构、品牌方及合作平台，共同推动内容的传播与盈利。

1.2.2　掌握AI跨领域技能，拓宽职业边界

扫码看教学视频

AI跨领域技能，是指将AI技术与不同行业、领域的知识体系相融合，形成的一种复合型技能。这种技能不仅涵盖AI的基础理论、算法模型、开发工具等核心知识，还深入理解了特定领域的业务逻辑、需求痛点及发展趋势。它要求个体在掌握AI技术的同时，具备快速学习新知识、适应新环境的能力，以及将AI技术应用于解决实际问题的创新思维和实践能力。

下面是掌握AI跨领域技能的作用，如图1-5所示。

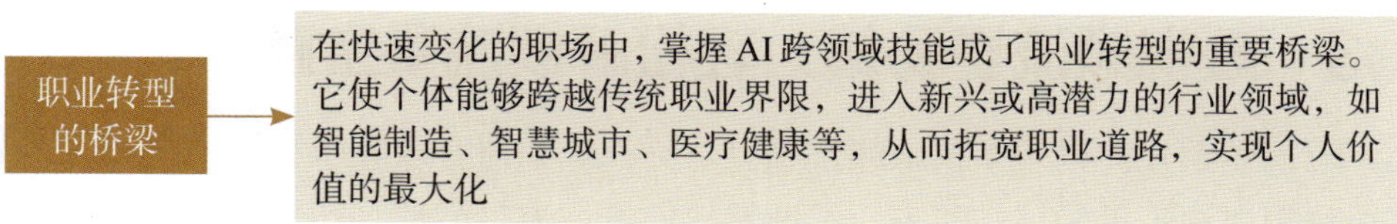

图 1-5

创新能力的催化剂 → AI技术的融入为各领域带来了前所未有的创新机遇。掌握AI跨领域技能的人，能够敏锐地洞察行业痛点，运用AI技术提出创新解决方案，推动产品或服务的升级迭代，成为行业创新的引领者

职业竞争力的提升 → 在全球化竞争日益激烈的今天，具备AI跨领域技能的人才更受企业青睐。他们不仅能够高效处理复杂数据，优化业务流程，还能为企业带来新的增长点和竞争优势，从而提升个人在职场中的不可替代性

图1-5 掌握AI跨领域技能的作用

1.2.3 个人IP与资源整合，打造品牌价值

扫码看教学视频

个人IP（Intellectual Property，知识产权）是指短视频编导凭借独特的内容和创意，积累的社会认知和影响力，打造出个人品牌。通过打造个人IP，编导可以在短视频行业中脱颖而出，提升自身的社会和商业价值。而资源整合则是指通过合理利用外部资源，增强品牌影响力，推动个人IP的成长。

以下是打造个人IP与资源整合的关键要点，如图1-6所示。

明确个人定位与特色 → 编导需要明确自己的内容定位，如幽默搞笑、情感共鸣等，突出独特风格，以吸引特定观众群体，树立个性化品牌形象

持续输出高质量内容 → 不断产出创意性和高质量的内容是个人IP积累的基础。编导应根据观众反馈及时调整内容方向，保持竞争力和吸引力

利用社交平台与合作伙伴的资源 → 除了内容创作，编导还需要借助社交平台的传播力（如抖音、微博等），扩大影响力，并通过与其他创作者或品牌合作，增加曝光度，拓展用户群体

多元化变现渠道的开发 → 通过品牌代言、广告合作、平台收益分成等多种方式实现商业化，还可开设课程、直播等进一步拓宽收入来源

图1-6 个人IP与资源整合的关键要点

通过合理整合资源与打造独特的个人IP，编导能够实现职业价值的提升，开辟更多商业机会，最终实现品牌的持续增值。

1.3 短视频流量秘籍：轻松解锁流量宝藏

短视频编导的成功不仅依赖于创意，更在于如何有效吸引和管理流量。本节将揭秘短视频流量的核心秘密，帮助编导们抢占流量高地，精准定位内容方向。通过分析各大平台特点，编导们可以更好地调整创作策略，同时借助AI技术洞察

用户偏好，推动创意创新。掌握这些方法，编导们可以轻松解锁流量宝藏，实现内容的最大曝光与影响力。

1.3.1　揭秘短视频核心价值，抢占流量高地

扫码看教学视频

短视频作为互联网时代的一种新兴传播方式，已成为信息快速流动的载体。其核心价值在于通过简洁、生动、个性化的形式，在短时间内将内容精准传播给受众。短视频不仅能够满足用户的碎片化阅读需求，还能带动流量的迅速增长。

短视频的“核心价值”主要体现在两点：一是能迅速吸引用户注意力；二是通过平台算法精准推送，提升用户的停留时间和互动率。短视频的流量往往依赖于用户粘性、传播力和内容创意等因素。

要抢占短视频的流量高地，首先要从内容的核心价值入手。创作者应注重短视频内容的原创性与创意性，确保视频在众多信息中脱颖而出。下面是一些具体的操作方法，帮助创作者在短视频领域中脱颖而出。

① 挖掘热点话题　关注当下的社会动态、流行趋势和热门话题，以此为切入点，制作具有时效性的短视频。

② 精细化内容制作　通过高质量的拍摄、剪辑和后期制作，提升视频的视觉吸引力。

③ 增强互动性　加强与用户的互动，利用评论、挑战和UGC（User-Generated Content，用户生成内容）增强参与感。

④ 精准投放　借助平台的推荐算法，确保视频能精准触达目标受众，提升内容曝光率。

1.3.2　剖析平台特点，精准定位内容方向

扫码看教学视频

每个短视频平台都有其独特的算法机制、用户群体和互动特点，因此，了解并分析平台的特点是内容创作者能否成功的关键。短视频平台如抖音、快手、B站等，其内容推荐算法基于用户行为数据（如观看时长、点赞、评论、分享等）进行精准推送，依此决定哪些内容能获得更大的曝光。创作者需要根据平台的特性来定位自己的内容方向。

例如，抖音更注重视觉冲击和创意性，快手则偏向于真实、生活化内容，而B站则更注重知识性、兴趣圈层内容。了解平台的算法规则和用户需求，是精准制订内容策略的重要前提。

要在短视频平台上精准定位内容方向，可以采取下面这几种操作方法，如图1-7所示。

平台分析	首先，深入了解各平台的用户群体、活跃时间、内容风格等特点。抖音用户偏年轻，视频形式多样；快手的用户多为下沉市场，注重真实和草根文化；B 站的用户较为年轻，追求个性化和深度内容
内容差异化	根据平台特性，确保内容的独特性和差异化。比如在抖音做创意短剧，在 B 站做专业性知识分享，在快手做接地气的生活记录
精准定位目标用户	明确受众群体，分析他们的需求和偏好，确保内容与目标观众的兴趣和需求匹配
紧跟平台趋势	定期关注平台的热门挑战、标签和流行趋势，及时调整内容策略，跟随趋势但保持个性
数据反馈与优化	发布内容后，通过平台提供的数据分析工具，监控视频的表现，了解哪些内容获得了较高的互动，调整策略，进一步优化内容创作方向

图 1-7　精准定位内容方向的方法

1.3.3　洞悉用户偏好，AI赋能引领创新

扫码看教学视频

在短视频创作中，洞悉用户偏好是实现内容精准投放和提升用户粘性的关键。随着短视频平台算法的不断进化，AI技术在内容推荐中扮演了重要角色。AI通过分析用户的观看历史、互动行为（如点赞、评论、分享）和停留时间，能精准地预测用户的兴趣爱好，从而为每位用户量身定制内容流。

通过深入分析这些数据，内容创作者可以更清晰地理解目标观众的偏好，进而创作出符合其需求的视频，提升流量和互动。

利用AI技术洞悉用户偏好有以下几种方法，如图1-8所示。

数据分析与洞察	利用平台提供的后台数据工具，分析视频的观看时长、转发率、评论趋势等数据，了解观众的喜好和观看行为。AI 技术可以帮助分析哪些话题、场景或元素更容易引发用户共鸣，从而指导创作
精准定位目标用户群体	利用 AI 的用户画像分析功能，深入了解不同年龄段、性别、地域的用户偏好。创作者可以根据这些信息精细化定位内容，精准地触达目标群体

内容个性化定制 → 借助 AI 推荐算法的学习能力，创作者可以根据用户的观看历史和偏好定制个性化的内容

AI 助力创意创新 → AI 不仅能分析数据，还能帮助创作者获取创意灵感。例如，平台的 AI 工具可以自动生成标签、推荐流行趋势，甚至在某些创作工具中，AI 还可以自动生成脚本、提供视频剪辑建议，帮助创作者节省创作时间并提升创作效率

关注 AI 迭代与平台变化 → AI 技术和平台算法不断更新变化，创作者应时刻关注 AI 技术的动态，及时调整内容策略。例如，若 AI 算法优先推荐短小精悍的内容，创作者可以调整视频的时长、节奏和风格，适应新的推荐规则

图 1-8　利用 AI 技术洞悉用户偏好的方法

本章小结

本章主要介绍了短视频编导的职业图谱及快速入门指南。首先介绍了成为行业领袖的编导必备手册，包括揭秘编导职责、协同导演摄影打造高效团队、AI技能加持创新制胜等内容。然后介绍了编导职业跃迁的路径，如构建核心能力、掌握AI跨领域技能、打造个人IP与品牌价值等，助力实现年薪百万的梦想。最后介绍了短视频流量秘籍，包括揭秘核心价值、剖析平台特点、洞悉用户偏好和AI赋能创新，帮助编导轻松解锁流量宝藏。

课后习题

鉴于本章知识的重要性，为了帮助读者更好地掌握所学知识，本节将通过课后习题，帮助读者进行简单的知识回顾和补充。

扫码看教学视频

【问】简述短视频编导的主要职责，并说明如何打造核心竞争力。

【答】短视频编导的主要职责包括策划视频内容、协调导演和摄影团队、确保视频制作流程顺畅和监督视频质量等。为了打造核心竞争力，编导需要不断提升自己的创意策划能力、团队协作能力和对新技术（如AI）的应用能力。同时，深入理解目标受众，持续产出高质量、有吸引力的内容也是关键。

【问】如何利用AI技术提升短视频创作的效率和创新性？

【答】AI技术可通过自动化剧本生成、智能剪辑、镜头优化、数据分析等环节提升创作效率，并能根据观众偏好和情感趋势提供创作反馈，帮助编导优化作品内容和呈现形式。

第2章

内容策划：AI 扩展创意，精准挖掘热点选题

爆款短视频离不开精准的策划与创新的选题。本章围绕短视频编导的核心，解析如何利用AI扩展创意、精准挖掘热点选题。通过优化账号定位、掌握高效选题策略、精心构思内容，并结合智能工具DeepSeek的应用，助力创作者打造有创意、有流量的短视频内容。

2.1　短视频账号定位：精准捕捉，短视频流量密码

短视频创作的成功不仅依赖于内容质量，更在于对账号定位的精准把控。本节将深入讲解短视频账号定位的核心要素与策略，帮助编导们厘清定位流程，选定实用方法，并利用AI技术提升快速起号的效率，精准捕捉流量密码，赢得更多观众的关注与参与。

2.1.1　厘清账号定位的核心要素

扫码看教学视频

定位（Positioning）理论创始人杰克·特劳特（Jack Trout）曾说过："定位的本质，在于让你的企业和产品在市场中独树一帜，构筑核心竞争力；对受众而言，则是在他们心中鲜明地树立起品牌形象。"简单来说，定位需要明确以下3个核心问题。

- 你是谁？
- 你要做什么事情？
- 你和别人有什么区别？

对于短视频的账号定位来说，则需要在此基础上对问题进行一些扩展，具体如图2-1所示。

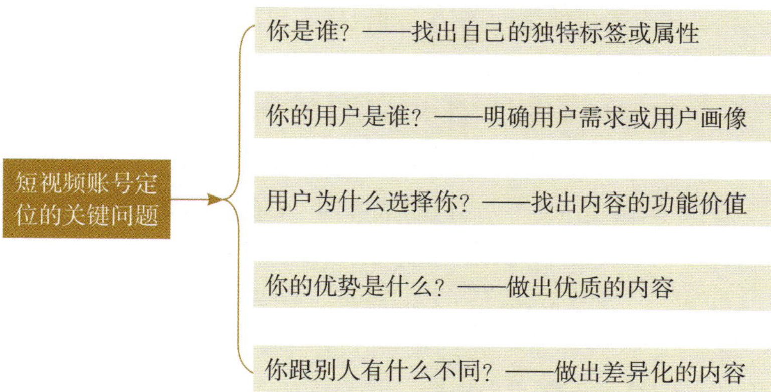

图 2-1　短视频账号定位的关键问题

以抖音为例，该平台上不仅有数亿的用户量，而且每天更新的视频数量也在百万以上，那么如何让自己发布的内容被大家看到并喜欢呢？关键在于做好账号定位。账号定位直接决定了账号的涨粉速度和变现难度，同时也决定了账号的内容布局和引流效果。

2.1.2 账号定位的重要性与必要性

扫码看教学视频

创作者在准备注册短视频账号时，必须将账号定位置于首要位置。一个精准且恰当的账号定位，是确保后续短视频运营能够顺畅进行并取得成功的关键。图2-2所示为将账号定位放到第一位的5个核心理由。

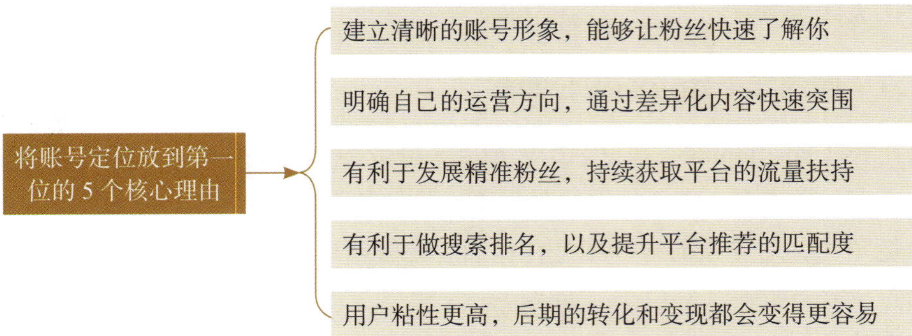

图 2-2　将账号定位放到第一位的 5 个核心理由

2.1.3 精准打造账号标签的策略

扫码看教学视频

标签是短视频平台对账号进行分类和识别的重要工具。平台依据创作者发布的内容特性，为其账号赋予相应的标签，从而实现内容的精准推送，满足用户的个性化需求。这种机制不仅激发了创作者的创作动力，也显著提升了观众的观看体验。

例如，某平台有100名用户，其中50名用户对旅行内容特别感兴趣。若你的账号专注于旅行领域但定位不明确，导致平台未能准确贴上“旅行”标签，那么你的内容将随机推送给所有用户，仅能获得50%的潜在兴趣用户的关注。一旦点赞率不佳，系统可能判定内容质量不高，进而减少流量推荐。

相反，如果你的账号被精准打上“旅行”标签，系统便能将你的内容直接推送给那50名对旅行内容感兴趣的用户。这将显著提升你的内容点赞和关注率，进而促使系统给予更多流量推荐，扩大你的受众范围，增加粉丝数量和内容喜爱度。

因此，明确账号定位是塑造特定粉丝形象的关键。对于短视频创作者而言，精准打造账号标签的策略至关重要。这要求创作者不仅要明确账号定位，还需通过持续发布高质量、与定位相符的内容来强化标签。以下是一些有助于精准打造账号标签的实用技巧，如图2-3所示。

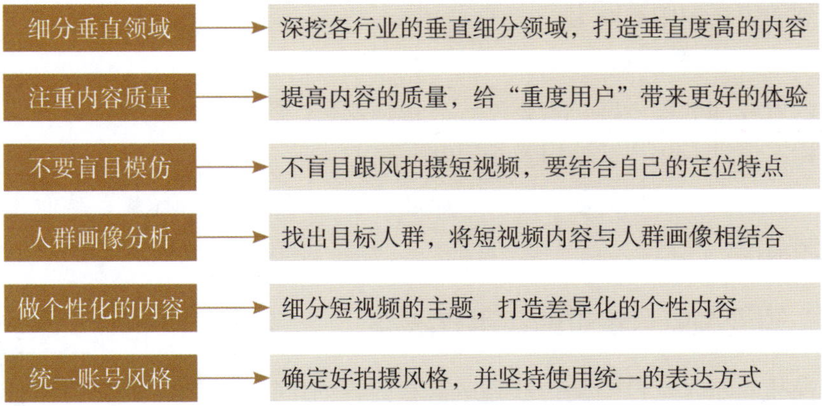

图 2-3　打造账号标签的相关技巧

☆ 专家提醒 ☆

以抖音平台为例，相关专业人士分析表明，某个短视频作品连续获得系统的 8 次推荐后，该作品就会获得一个新的标签，从而得到更加长久的流量扶持。

2.1.4　账号定位的基本流程与步骤

扫码看教学视频

许多人在涉足短视频领域时，往往仅凭一腔热情，盲目跟风，而未曾深入思考自己投身此平台的真正目的，是追求粉丝增长，还是实现变现收益。以涨粉为例，虽然蹭热点能迅速吸引用户关注，但这样的账号在变现能力上可能会大打折扣。

因此，创作者在涉足短视频之前，首要任务是明确自己的目的，这包括引流涨粉、品牌推广、IP打造、带货变现等。一旦目的明确，便可着手进行账号定位，基本流程如下。

（1）行业数据分析

在进入某个行业之前，要先找出这个行业中的头部账号，看看他们是如何将账号做好的。可以使用专业的行业数据分析工具，如蝉妈妈、新抖、飞瓜数据等，深入挖掘行业的最新趋势、热点内容、热销商品及创作导向，以便为自己的账号定位提供有力依据。

（2）自我属性评估

头部账号往往因其独特的形象、才艺和技能而脱颖而出，拥有高点赞量和粉丝基础。然而，对于普通运营者而言，盲目模仿并非明智之举。因此，应从自身条件和能力出发，精准定位自己擅长的领域，确保内容质量与更新频率，从而在竞争激烈的市场中脱颖而出。

（3）同类账号分析

深入研究同类账号的短视频内容，包括题材、脚本、标题、运镜技巧、景别选择、构图设计、用户评论以及拍摄和剪辑方法等。学习他们的优点，同时发现其不足之处或可差异化的创作空间，以此为基础进行创新和超越，从而在同类账号中脱颖而出。

2.1.5 短视频账号定位的实用方法

扫码看教学视频

短视频的账号定位就是为账号运营和内容创作指明方向。那么，创作者到底该如何进行账号定位呢？笔者认为大家可以从以下3个方面出发做账号定位，即根据自身的专长做定位、根据观众的需求做定位、根据内容稀缺度做定位，如图2-4所示。

根据自身的专长做定位	自身专长包含的范围很广，除了唱歌、跳舞等才艺之外，还包括其他诸多方面，就连游戏玩得出色也是自身的一种专长，运营者只需选择某个或某几个专长进行账号定位即可
根据观众的需求做定位	通常来说，能够满足短视频观众需求的内容会更容易受到欢迎，因此结合观众的需求和自身专长进行定位也是一种不错的定位方法
根据内容稀缺度做定位	创作者可以从短视频平台中相对稀缺的内容出发进行账号定位，除了平台上本来就稀缺的话题之外，运营者还可以通过自身的内容展示形式，让自己的内容甚至是账号具有一定的稀缺性

图 2-4 账号定位的实用方法

2.1.6 AI助力短视频账号快速起号

扫码看教学视频

在短视频领域，AI技术的快速发展为创作者提供了前所未有的机遇，其强大的分析与创作能力可以帮助创作者实现更加精准和高效的账号定位。从行业趋势的洞察到用户画像的构建，再到内容的智能化创作与商品的精准推荐，AI技术在新媒体账号的起号阶段发挥着至关重要的作用，下面介绍具体方法。

2.1.6.1 行业定位

AI技术能够通过大数据分析，快速识别短视频行业的热门领域、增长趋势以及潜在机会。创作者可以利用AI工具对行业数据进行深度挖掘，了解头部账号的成功要素、内容类型及受众特征，从而为自己的账号定位提供科学依据。

2.1.6.2 内容定位

基于用户画像和兴趣偏好，AI技术能够智能推荐适合的内容类型和创作方向。创作者可以借助AI内容生成工具，快速生成高质量的短视频脚本、标题和描述，同时利用AI情感分析功能，优化内容表达，提升用户共鸣。

2.1.6.3 商品定位

AI技术能够通过商品数据分析，识别热销商品、潜在需求及用户购买行为。创作者可以据此调整商品策略，选择更符合受众需求的商品进行推广，同时利用AI算法进行精准投放，提高商品转化率和用户满意度。

2.1.6.4 用户定位

AI技术能够构建精细化的用户画像，包括年龄、性别、地域、兴趣偏好等多个维度。创作者可以基于用户画像，进行精准的用户定位，为内容创作和商品推荐提供有力支持。同时，AI技术还能够实时追踪用户行为，及时调整运营策略，以满足用户不断变化的需求。

2.1.6.5 打造人设定位

在短视频领域，人设是连接用户与账号的重要桥梁。AI技术能够通过数据分析，识别受欢迎的人设类型和特征，为创作者提供人设打造的灵感和建议。同时，AI技术还能够实时监测人设的受欢迎程度，及时调整人设策略，保持账号的吸引力和竞争力。

2.2 短视频选题指南：揭秘热点，点燃创意火花

选题是短视频创作的第一步，决定着内容的吸引力与传播力。本节将详细讲解短视频选题的类型、策略与实操方法，帮助编导们精准捕捉热点，掌握高效的选题技巧，点燃创意火花，让每条视频都能契合受众需求，在激烈的竞争中脱颖而出，提升账号影响力。

2.2.1 短视频选题类型概览

扫码看教学视频

在短视频领域，一个吸引人的选题往往能迅速抓住用户的眼球，同时，优质选题也能获得平台的青睐，无形中提升视频的曝光率。以下是一些短视频平台中较为常见的热门选题类型。

① 幽默喜剧类　通过幽默搞笑的内容，带给观众轻松愉快的观看体验。这类选题往往能迅速传播，吸引大量粉丝。

② 影视解说类　对热门电影、电视剧进行精彩片段解说或剧情分析，满足观众对影视作品深入了解的需求。图2-5所示为影视解说类短视频，该短视频是为用户讲解一部名为《猫猫漂流记》的电影，而且这也是应用户的要求而创作的。

图 2-5　影视解说类短视频

③ 生活技巧类　分享实用的生活小窍门，如家居改造、烹饪技巧等，帮助观众解决日常生活中的问题，提升生活质量。

④ 时尚美妆类　介绍最新的时尚潮流、美妆技巧、护肤心得等，满足观众对美的追求。例如，很多明星或者电视剧中的演员都会有独特的妆容，而仿妆类短视频便是模仿这些妆容。仿妆类短视频要求运营者能够了解被仿对象的妆容情况。一般来说，这种短视频制作成功的话，能够给用户一种震撼的感觉，同时也能吸引到被仿对象的粉丝，而这些粉丝便是潜在的用户，运营者可以利用一些运营技巧使之转化成为自己的粉丝。图2-6所示为仿妆类短视频，该短视频模仿的是一位明星的妆容。

⑤ 科技数码类　展示最新的科技产品、数码设备，进行产品评测或技术解析，吸引科技爱好者。

⑥ 出游旅行类　分享旅行攻略、自然美景、特色美食等，传递不同地域的文化魅力，激发观众的打卡欲望。

图 2-6　仿妆类短视频

⑦ 美食类　展示美食制作过程，分享烹饪技巧、食材选择等，让观众在享受视觉盛宴的同时，也能学到实用的烹饪知识。

2.2.2　选题的相关技巧与策略

扫码看教学视频

选题并非简单地追随热门话题，而是需要一定的策略和技巧。以下是一些关键的选题技巧。

① 选题原则　确保选题具有趣味性、实用性、时效性和创新性。趣味性能够吸引观众，实用性满足观众需求，时效性紧跟热点，创新性则能让内容脱颖而出。

② 选题维度　从观众兴趣、平台趋势、热门话题、行业动态等多个维度进行选题，确保内容的多样性和针对性。

③ 建立选题库　平时注意收集灵感，将可能的选题记录下来，形成选题库。这样，在需要制作视频时，可以从选题库中挑选合适的主题。图2-7所示为微博热搜话题榜，这种榜单上的话题都是热门话题，如果运营者多选择这些内容进行创作，被吸引过来的用户就不会少，而且越热门的话题越能吸引更多的用户。

④ 选题注意点　避免选题过于冷门或过于宽泛，要确保选题具有明确的受众群体和可实施性。同时，要注意版权问题，避免侵犯他人的知识产权。

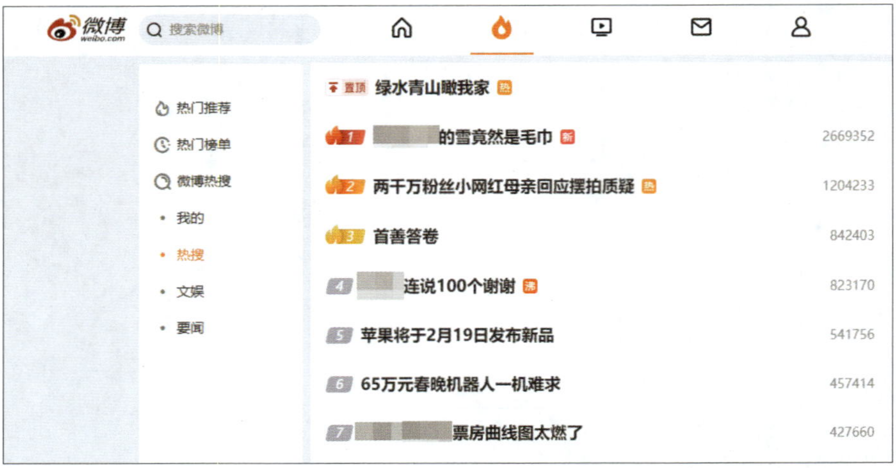

图 2-7　微博热搜话题榜

2.2.3　选题的实操方法与步骤

扫码看教学视频

一个好的选题是打造爆款短视频的前提。以下是一些实操方法，帮助你在选题上更加有新意。

① 选题场景化　将选题与具体场景相结合，如家庭、办公室、户外等，让内容更加贴近观众的生活，增强代入感。图2-8所示为选题场景化的短视频。该视频主要盘点了家长辅导自家孩子写作业的场景，不同的家长有着不同的反应。

图 2-8　盘点家长辅导作业场景的短视频

② 个性化选题　结合个人特色或品牌定位，打造独特的选题风格。这样既能展现个人魅力，也能让观众在众多内容中迅速识别出你的视频。例如，穿搭类短视频可以选择158cm小个子秋季穿搭、微胖女生冬季穿搭等选题。图2-9所示为绿色系汉服混搭类图文短视频。该短视频就属于个性化选题，混搭、绿色两词指出了该视频的独特性，有些想要参考绿色系汉服混搭风格的用户便会关注这类短视频。

图 2-9　绿色系汉服混搭类图文短视频

③ 多角度思考　对于同一个选题，尝试从不同角度进行解读和呈现，以吸引不同类型的观众。例如，可以从历史、文化、科技等多个角度探讨同一个热门话题。

④ 与用户互动　通过评论区、私信等方式收集观众的意见和建议，了解他们的需求和兴趣点。这样不仅能增强与观众的互动，还能为选题提供新的灵感来源。

2.3　短视频内容构思：匠心独运，打造爆款内容

优质的短视频离不开精心策划与创意构思。本节将围绕剧本方向、核心主题及内容创作的基本要求，剖析短视频编导如何巧妙运用构思技巧，精准打造吸引观众的爆款视频内容，让作品既具备创意亮点，又能满足平台算法与用户喜好，实现更广泛的传播。

2.3.1 确定剧本方向与核心主题

扫码看教学视频

短视频平台上大部分的爆款短视频，都是经过运营者精心策划的，因此好的剧本策划也是成就爆款短视频的重要条件。短视频的剧本可以让剧情始终围绕主题，保证内容的方向不会产生偏差。

在策划短视频的剧本时，创作者需要注意以下几个规则。

① 选题有创意　短视频的选题尽量要独特有创意，同时创作者要建立自己的选题库和标准的工作流程，这不仅能够提高创作的效率，而且还可以刺激用户持续观看的欲望。例如，创作者可以多收集一些热点加入选题库中，然后结合这些热点来创作短视频。

② 剧情有起伏　短视频通常需要在短时间内将大量的信息清晰地叙述出来，因此内容通常都比较紧凑。尽管如此，运营者还是要脑洞大开，在剧情上安排一些高低起伏，来吸引用户的眼球。

③ 内容有价值　不管是哪种内容，都要尽量给用户带来价值，让他们觉得值得为你付出时间成本。例如，做搞笑类的短视频，就需要给用户带来快乐；做美食类的短视频，就需要让用户产生食欲，或者让他们有实践的想法。

④ 情感有对比　短视频的剧情可以源于生活，运营者可以采用一些简单的拍摄手法，来展现生活中的真情实感，同时加入一些情感的对比，这样反而更容易打动用户。

⑤ 时间有把控　创作者需要合理地安排短视频的时间节奏。以抖音为例，15秒的短视频是最受用户喜欢的，而短于7秒的短视频不会得到系统推荐，高于30秒的短视频用户很难坚持看完。

策划剧本，就好像写一篇文章或一部小说，要有主题思想、开头、中间以及结尾，同时设计情节来丰富文章或小说的内容。一篇成功的吸引人的小说必定少不了跌宕起伏的情节，短视频的剧本也是一样，因此在策划时要注意3点，如图2-10所示。

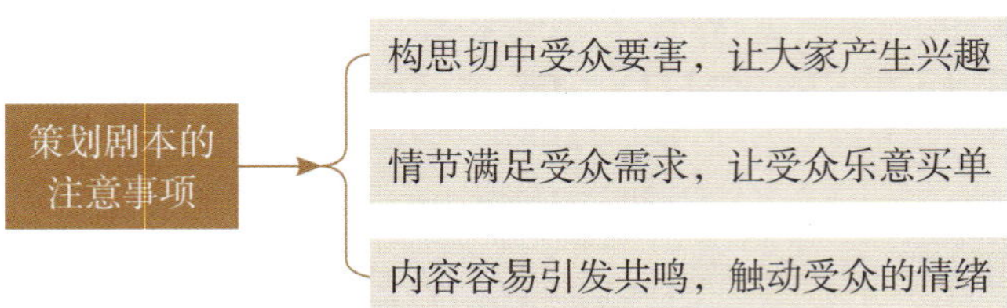

图 2-10　策划短视频剧本的注意事项

2.3.2　短视频内容的4大基本要求

扫码看教学视频

笔者曾撰写过一篇关于短视频如何快速引流吸粉的文章，收到了众多读者的反馈。其中，大多数读者认为文章方法实用、逻辑清晰、内容优质。然而，也有部分读者提出了不同的观点，甚至有一位读者错误地认为只有自拍形式的短视频才有机会上热门推荐，并声称官方不允许其他形式的短视频上传，这一观点引发了其他读者的广泛反驳。

在认真看过读者们的评论后，笔者进行了深刻的反思。显然，仍有许多创作者未能深入了解短视频及其平台规则。实际上，快手和抖音等平台只是提供了一个展示内容的舞台，而内容的创意和质量则完全取决于创作者自身的摸索和努力。

为了帮助创作者更好地理解和遵守短视频平台的规则，提高内容质量和引流效果，下面介绍短视频平台上播放量较好的短视频所具备的4大基本特征。

2.3.2.1　个人原创内容

短视频上热门的首要条件是内容必须原创。运营者可以围绕自己的生活趣事、热门舞蹈、丰富的表情和肢体语言以及旅行美景或感想等方面，创作出独具特色的原创内容。同时，创作者需要站在用户的角度思考，通过画像分析了解用户喜好，从而制作出更符合用户口味的短视频。例如，针对关注汽车的用户，可以制作汽车测评、质量鉴别和购买指南等相关内容。

例如，某抖音账号发的内容基本上都是与创作者家的四只金毛有关的个人原创内容，如图2-11所示，这有助于打造个人IP，增强粉丝粘性，提高账号独特识别度。

图 2-11　原创视频

2.3.2.2 视频内容完整

一般来说，标准的短视频应该是15秒，当然也有超过一分钟的短视频。在如此短的时间内，创作者要保证内容的完整度，相对来说是比较难的。在短视频平台上，内容完整的短视频才有机会上热门，如果创作者的短视频卡在一半就强行结束了，用户是很难喜欢此类短视频的。

图2-12所示为某创作者在抖音发布的一个短视频。在该短视频中，当男主角揭开面具时，画面突然弹出一个“未完待续”，整个视频就此结束，严重影响了用户观看短视频的心情。

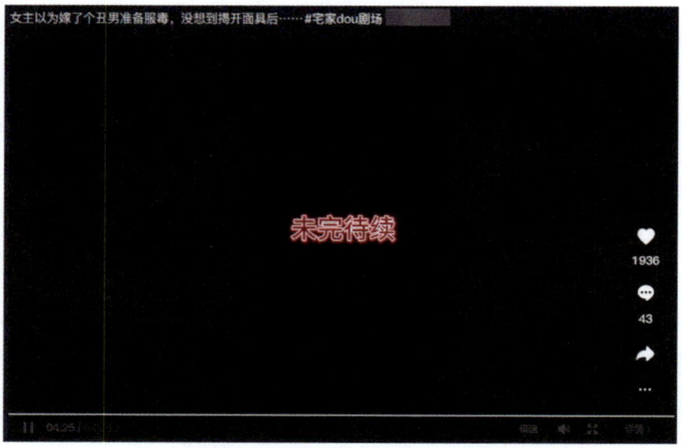

图 2-12 抖音上不完整的短视频

2.3.2.3 没有产品水印

热门短视频上不能带有其他平台的水印，而抖音平台甚至不推荐短视频运营者使用不属于抖音平台的贴纸和特效。如果创作者发现自己的素材有水印，可以利用PS、一键去除水印工具等去除。图2-13所示为去视频水印的微信小程序。

2.3.2.4 高质量的内容

在短视频平台上，质量才是核心，即使在“帅哥美女遍地走”的抖音上，我们也能发现内容远比颜值重要。短视频只有质量高，才能让用户有观看、点赞和评论的欲望，而颜值只不过是起锦上添花的作用而已。

创作者的短视频想要上热门，一是内容质量要高，二是视频清晰度也要高。短视频引流是个漫长而又难挨的过程，运营者要心平气和，耐心地拍摄高质量的短视频，积极地与粉丝互动，多学习热门的剪辑手法。笔者相信只要有足够的付出，运营者一定可以拍摄出热门短视频。

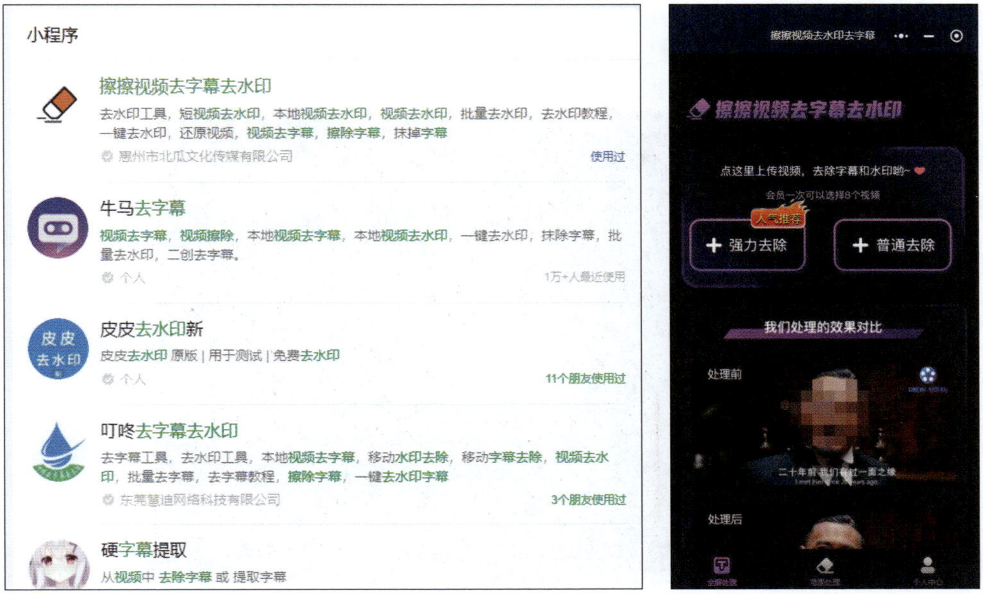

图 2-13　去视频水印的微信小程序

2.3.3　短视频创意内容构思技巧

扫码看教学视频

在满足了短视频的基本要求、确定了拍摄题材和内容风格之后，我们还需要为作品增添一抹独特的创意色彩，使其在众多视频中脱颖而出。创意是短视频的灵魂，它能瞬间吸引观众的眼球，激发他们的分享欲望，从而助力作品迅速传播。本节笔者将为大家详细介绍几种短视频常用的创意构思技巧，帮助大家快速打造爆款短视频。

2.3.3.1　热梗演绎

紧跟网络热点，巧妙融入热门梗，是提升短视频吸引力的有效手段。创作者需保持对时事热点的敏感度，及时捕捉网络上的流行语、表情包或热门事件，通过创意演绎将其融入短视频中。这种贴近年轻受众、富有娱乐性的内容往往能迅速引发共鸣，带来大量曝光和互动。

2.3.3.2　影视混剪

影视混剪是将不同影视作品中的经典片段、台词或音乐进行重新编排，创造出全新的故事线或情感表达。这种创作方式不仅能展现运营者的剪辑技巧和审美趣味，还能通过影视元素的碰撞激发出新的火花，吸引喜爱这些影视作品的观众群体。成功的影视混剪往往能触动人心，引发观众的共鸣和讨论。

图2-14所示为影视混剪类短视频，该短视频主要是剪辑了一部情景喜剧中的武打特效。

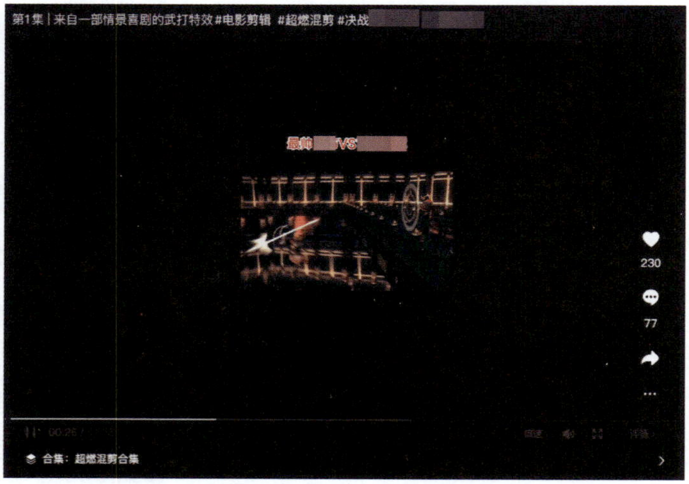

图 2-14　影视混剪类短视频

2.3.3.3　游戏录屏

随着游戏产业的蓬勃发展，游戏录屏也成了短视频领域的一大热门。运营者可以通过录制游戏过程，展示高超的游戏技巧、分享游戏攻略或解读游戏背后的故事，吸引游戏爱好者的关注。同时，结合游戏本身的趣味性和挑战性，可以创造出紧张刺激或轻松愉快的观看体验，提高视频的吸引力和留存率。

2.3.3.4　课程教学

知识分享和教学类短视频近年来备受追捧。创作者可以根据自己的专业特长或兴趣爱好，制作具有实用价值的课程内容，如烹饪技巧、编程教程、健身指导等。通过清晰明了的讲解和演示，帮助观众快速掌握新知识或技能，满足他们的学习需求。这类短视频不仅能提升运营者的专业形象，还能建立稳定的粉丝群体。

2.3.3.5　热门话题

关注社会热点和热门话题，及时制作相关短视频，是提升曝光度的有效途径。创作者可以结合自己的见解和创意，对热门话题进行解读或评论，引发观众的关注和讨论。同时，通过参与话题挑战或互动活动，还能增加与观众的互动机会，提升视频的互动性和传播力。

2.3.3.6　节日热点

节日是短视频创作的绝佳时机。运营者可以围绕节日氛围、习俗或文化，创作具有节日特色的短视频内容。通过创意策划和精美制作，营造出浓厚的节日氛围，吸引观众的注意力和情感共鸣。同时，结合节日营销和互动活动，还能有效提升视频的曝光度和转化率。

2.4　DeepSeek 网页版解析：智能交互新体验

AI技术正深刻改变着短视频的策划方式，DeepSeek网页版为编导提供了全新的智能交互体验。本节将解析其注册登录流程、智能对话升级方法、AI思考逻辑及信息检索优化方法，并通过具体案例展示如何借助AI高效策划旅游、美食、教育类短视频选题与内容，助力编导创作出更具吸引力的作品。

2.4.1　注册与登录：快速接入AI平台

扫码看教学视频

DeepSeek网页版是一款功能丰富、用户友好的在线AI工具，其操作页面简洁明了，以直观的方式呈现。无论是初次使用还是经验丰富的用户，都能迅速上手并找到所需功能。下面介绍注册与登录DeepSeek网页版的操作方法。

步骤 01 在浏览器中搜索DeepSeek，在DeepSeek网页中，单击“开始对话”按钮，如图2-15所示。

步骤 02 进入登录页面，❶选中相应复选框；❷输入手机号和验证码；❸单击“登录”按钮，如图2-16所示，稍等片刻，用户即可使用手机号和验证码进行登录。用户还可以使用微信扫码或邮箱等方式进行登录。

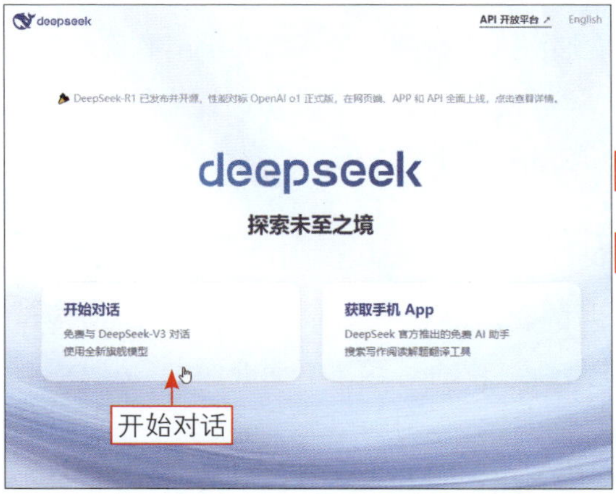

图 2-15　单击“开始对话”按钮

图 2-16　登录 DeepSeek

步骤 03 完成登录后，默认进入DeepSeek对话页面，其组成如图2-17所示。

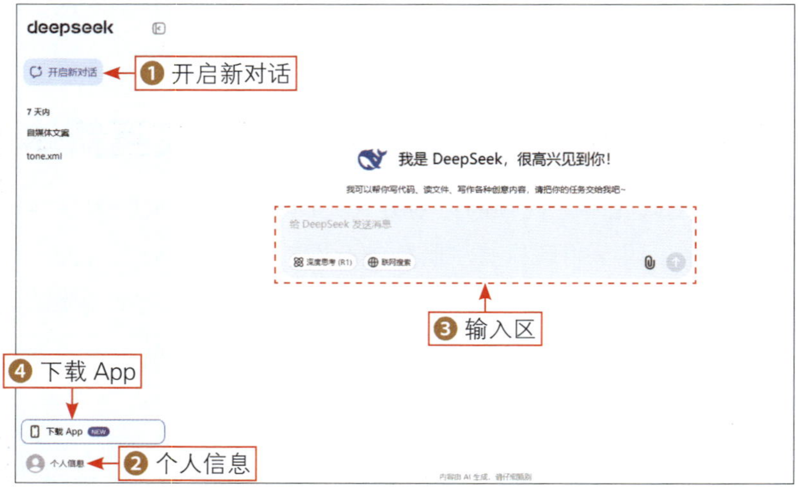

图 2-17　DeepSeek 对话页面的组成

下面对DeepSeek对话页面中的各主要部分进行相关讲解。

❶ 开启新对话：单击“开启新对话”按钮，能为用户开启一个全新的、独立的对话窗口，使用户与DeepSeek的交流更加高效和清晰。

❷ 个人信息：单击“个人信息”按钮，即可弹出相应面板，包括“系统设置”“删除所有对话”“联系我们”和“退出登录”4个按钮，用户可根据需要，单击相应按钮进行操作。

❸ 输入区：该区域主要包括输入框、“深度思考（R1）”和“联网搜索”3个部分。其中，输入框是用户输入文字指令的位置；“深度思考（R1）”模式在逻辑推理和复杂问题处理方面表现出色，能够深入剖析问题的本质并给出有价值的解决方案；“联网搜索”模式，能够搜索实时信息，快速整合并给出详尽的回答。

❹ 下载App：单击“下载App”按钮会出现二维码，手机一扫即可下载。

2.4.2　对话升级：畅享智能交互体验

扫码看教学视频

当用户与DeepSeek完成一个话题的交流后，只需单击页面左上角的“开启新对话”按钮，即可进入新一轮的对话，下面介绍在DeepSeek中开启新对话的操作方法。

步骤 01 在DeepSeek左侧的导航栏中，单击“开启新对话”按钮，如图2-18所示。用户也可以单击页面下方的“开启新对话”按钮。

步骤 02 执行操作后，即可开启一个新的对话页面，如图2-19所示。

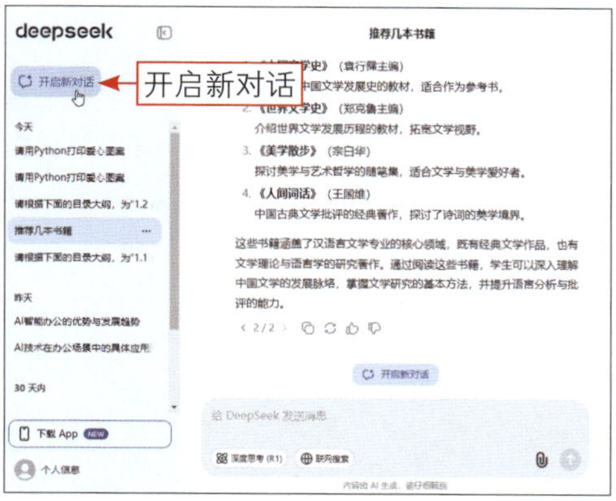

图 2-18　单击“开启新对话”按钮

图 2-19　开启一个新的对话页面

2.4.3　思考模式揭秘：深度理解AI逻辑

扫码看教学视频

DeepSeek的“深度思考（R1）”模式能够对用户的问题进行多维度、多层次、系统性的分析和推理，不会仅仅提供一个表面的答案。下面介绍使用DeepSeek“深度思考（R1）”模式的操作方法。

步骤 01 在DeepSeek页面，单击输入区中的“深度思考（R1）”按钮，如图2-20所示，开启后，该按钮会变成蓝色。

步骤 02 在输入框中输入相应的提示词，用于指导DeepSeek生成特定的内容，如图2-21所示。

图 2-20　单击“深度思考（R1）”按钮

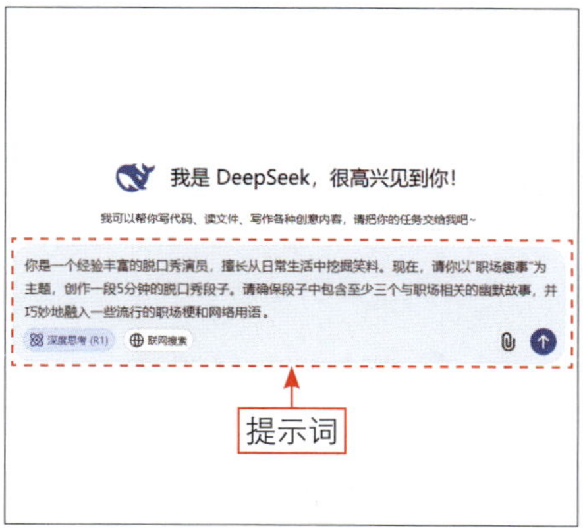

图 2-21　输入相应提示词

步骤 03 单击⬆按钮或按【Enter】键确认，即可将提示词发送给DeepSeek，DeepSeek会根据要求生成所需的内容，相关提示词和回复内容如下。

提示词

你是一个经验丰富的脱口秀演员，擅长从日常生活中挖掘笑料。现在，请你以“职场趣事”为主题，创作一段5分钟的脱口秀段子。请确保段子中包含至少三个与职场相关的幽默故事，并巧妙地融入一些流行的职场梗和网络用语。

DeepSeek

（开场松弛地踱步，麦克风在手中转了个圈）

各位打工人晚上好！（台下欢呼）嚯，这欢呼声听着像周五下班打卡的提示音——（停顿）别急，等我说完这句你们就能下班了。（观众笑）

上周公司团建玩密室逃脱，老板非要选“办公室惊魂”主题，结果NPC刚举着血淋淋的KPI报表出来，财务Lisa立马条件反射掏出计算器开始做预算。（手扶额头）现在年轻人整顿职场算什么？我们中年社畜连进鬼屋都在搞数字化转型！（台下爆笑）

说到这儿必须吐槽无效会议。上周五下午三点，领导突然召集“五分钟头脑风暴小会”，结果风暴了三个半小时——（模仿领导腔调）“小王这个方案很好，但我们再发散一下，比如把PPT第二页的蓝色换成五彩斑斓的黑……”（翻白眼动作）散会时保洁阿姨进来拖地，看见会议室满地的头发说了句：“嚯，这风暴挺大啊，龙卷风吧？”（观众鼓掌）

……

2.4.4 信息检索优化：高效联网搜索

扫码看教学视频

DeepSeek能够利用最新的在线数据来提供答案，这不仅提高了答案的精确度，也保证了信息的新鲜度和相关性。在处理查询任务时，DeepSeek会综合考量多个信息源，从中挑选最恰当的内容，以满足用户的查询需求。下面介绍使用DeepSeek“联网搜索”模式的操作方法。

步骤 01 在DeepSeek页面，单击输入区中的“联网搜索”按钮，如图2-22所示，开启后，该按钮会变成蓝色。

步骤 02 在输入框中输入相应的提示词，如图2-23所示。

图 2-22　单击“联网搜索”按钮

图 2-23　输入相应的提示词

步骤 03 单击按钮或按【Enter】键确认，即可将提示词发送给DeepSeek，DeepSeek会根据要求生成所需的内容，相关提示词和回复内容如下。

提示词

请帮我整理出10个今年热门的短视频话题。

DeepSeek

以下是2025年热门的短视频话题整理，结合了搜索结果中的相关内容，涵盖了社会热点、科技创新、娱乐文化等多个领域。

1.虚拟现实（VR）与增强现实（AR）技术

虚拟现实技术在旅游、教育、医疗等领域的应用成为热门话题。例如，通过VR实现“虚拟旅游”，让用户足不出户体验世界各地的风景。

2.环保与可持续发展

环保生活方式的推广是短视频的热门选题，包括展示环保产品、分享节能技巧等，吸引关注环保的观众。

3. 人工智能与未来就业

人工智能技术的快速发展引发了民众对未来就业市场的讨论，短视频通过展示人工智能在医疗、金融等领域的应用，吸引科技爱好者的关注。

4. 健康生活方式

健康饮食、运动健身等内容持续受欢迎，短视频通过分享实用健康知识，吸引注重健康的用户。

……

2.4.5　案例1：利用AI策划旅游类短视频选题

扫码看教学视频

旅游类短视频的选题特点主要体现在多样性、独特性和故事性上。策划时，可以选择国内外知名度适中、具有独特景观的地点，如自然风光、人文建筑等。同时，展现当地人文风俗和日常生活场景，捕捉平凡中的真情和独特性。此外，注重选题的故事性，可以通过文化冲突和差异制造戏剧化效果，吸引观众。

方法上，可以借助高清画质、配乐、片头片尾等制作手段来提升视频质量，真人出镜增加互动性和真实感。同时，注意标题和封面的设计，使用疑问、反问等句式，以及醒目的数字和形容词，提高视频的吸引力和点击率。

为DeepSeek设定身份，可以使其根据身份属性完成任务，如输入相应的定位、目的、主体、场景、要素、时长、细节、补充要求等提示词，就能使DeepSeek快速生成一篇短视频文案。

下面是一个使用DeepSeek生成旅游类短视频选题的案例。

提示词

请你扮演一名旅游博主，根据巴厘岛的特色和风情，策划几个短视频选题，包括介绍巴厘岛的自然风光（如金色沙滩、碧海蓝天）、文化景点（如乌布皇宫、乌鲁瓦图和金巴兰寺庙）、水上活动（如浮潜、冲浪）以及当地美食（如烤乳猪、海鲜大餐）等。同时，请确保选题具有独特性和创新性，能够吸引观众的眼球。

DeepSeek

巴厘岛风情：短视频选题策划

主题：探索“天堂之岛”巴厘岛，感受自然与文化的完美融合。

目标受众：热爱旅行、追求独特体验的年轻人。

视频风格：唯美、精致、充满异域风情。

选题方向

1. 自然奇观（系列）

选题1：追逐巴厘岛的日出日落，感受金色沙滩的浪漫

场景：清晨，库塔海滩，镜头记录下太阳从海平面缓缓升起的壮丽景象，以及游客们在沙滩上漫步、拍照的场景；傍晚，金巴兰海滩，镜头捕捉夕阳西下，天空被染成金色的瞬间，以及游客们享用海鲜烧烤大餐的场景。

独特性：采用延时摄影技术，浓缩日出日落的精彩瞬间，搭配舒缓的音乐，营造浪漫唯美的氛围。

……

☆ 专家提醒 ☆

该案例的提示词角色定位清晰，直接要求 AI 扮演旅游博主；内容要求具体，涵盖了巴厘岛的自然风光、文化景点、水上活动和当地美食等方面；强调创新性，要求选题独特以吸引观众，为视频策划提供了明确的方向和创意激发点。

2.4.6 案例2：利用AI助力美食短视频内容创新

扫码看教学视频

美食类短视频的选题特点在于诱人视觉与实用教程并重，强调地方特色与创新融合。方法上，可聚焦地方小吃、特色菜系，展现地道风味；或紧跟潮流，推出网红美食复刻、黑暗料理挑战等新颖内容；同时，结合节假日、季节变化推出应季美食制作教程，增加时效性与共鸣。

此外，通过观众互动征集选题，如“粉丝点菜”等形式，增强参与感与粘性，让美食短视频更加丰富多元，吸引广泛观众群体。

下面是一个使用DeepSeek生成美食类短视频选题的案例。

提示词

作为一位资深的美食达人，我要为我的粉丝们策划一系列关于地方特色美食的短视频选题。请你扮演一名美食博主，为我生成一些围绕“巷子里的美食”这一主题的具体选题，要求每个选题都有详细的场景描述和特色美食介绍，比如“探访深巷中的传统小吃店，品尝地道的手工面”等。

DeepSeek

巷子里的美食：短视频选题策划

主题：探寻城市角落里的美味，感受巷子里的烟火气。

目标受众：热爱美食、喜欢探索的年轻人。

视频风格：真实、接地气、充满生活气息。

选题方向

1. 老字号的味道

选题1：深巷里的百年老店，一碗传承三代的手工面

场景：清晨，狭窄的巷子里，一家不起眼的面馆已经排起了长队；镜头跟随博主走进店内，记录老板熟练地揉面、拉面、煮面的过程。

美食特色：手工面条筋道爽滑，汤头浓郁鲜美，搭配秘制的浇头，令人回味无穷。

故事性：采访老板，讲述这家百年老店的历史和传承，以及坚守传统手艺的初心。

选题2：藏在胡同里的卤煮火烧，老北京人的心头好

场景：傍晚，热闹的胡同里，一家卤煮火烧店灯火通明；镜头记录下食客们大快朵颐的场景，以及老板熟练地切火烧、浇卤煮的过程。

美食特色：卤煮火烧汤汁浓郁，火烧吸饱了汤汁，口感软烂，大肠、肺头等食材处理得干净无异味。

故事性：采访老食客，分享他们与这家店的故事，以及卤煮火烧在老北京人心中的地位。

2. 市井的烟火气

选题3：夜市里的烟火气，一碗热气腾腾的炒粉

场景：夜晚，热闹的夜市，人声鼎沸；镜头聚焦在一家炒粉摊前，记录下老板熟练地翻炒米粉，加入各种配料的过程。

美食特色：炒粉香气扑鼻，米粉Q弹爽滑，搭配鸡蛋、蔬菜、肉类等配料，口感丰富。

故事性：采访老板，了解他摆摊的经历，以及夜市里的人生百态。

……

2.4.7 案例3：利用AI策划教育类短视频选题与内容

扫码看教学视频

教育类短视频的选题特点鲜明，贴近生活、针对性强且易于理解。这类视频往往聚焦于学习技巧传授、知识点深度讲解以及实用生活技能分享，旨在迅速满足观众获取信息与自我提升的需求。

在选题策划上，可以从当前社会热门话题、教育领域中的难点痛点切入，紧密结合观众的兴趣点和实际学习需求。同时，务必确保内容的实用性与可操作性，让观众在观看后能真正有所收获。此外，创新性和趣味性也是不可或缺的要素，通过寓教于乐的形式，让学习过程变得更加轻松愉悦。

下面是一个使用DeepSeek生成教育类短视频选题的案例。

提示词

我正在制作一系列针对初中生的数学解题技巧短视频，请你为我策划几个选题，这些选题要能够解决学生在数学学习中遇到的实际问题，比如如何快速解一元一次方程、几何图形的证明方法等。同时，选题要结合具体的生活场景，让学生感受到数学的实用性和趣味性。

DeepSeek

初中数学解题技巧短视频选题策划

目标受众:初中生

目标:解决学生在数学学习中遇到的实际问题，结合生活场景，展现数学的实用性和趣味性。

选题方向

1. 方程与生活(系列)

选题1：超市购物中的一元一次方程

场景：超市货架前，学生纠结于不同包装商品的价格，思考如何更省钱。

技巧：如何根据单价和数量建立一元一次方程，并快速求解，比较不同购买方案的优劣。

趣味点：将枯燥的方程与日常生活结合，引导学生用数学思维解决实际问题。

选题2：行程问题中的相遇与追及

场景：学生上学路上，思考如何计算与同学相遇的时间，或者追赶前方同学需要多长时间。

技巧：如何分析行程问题中的数量关系，建立一元一次方程，并利用速度、时间、路程之间的关系求解。

趣味点：将抽象的行程问题与学生的日常生活场景结合，增强代入感和趣味性。

选题3：手机套餐中的二元一次方程组

场景：学生选择手机套餐，比较不同套餐的流量、通话时长和价格。

技巧：如何根据已知条件建立二元一次方程组，并利用代入法或加减法求解，选择最优惠的套餐。

趣味点：将数学知识应用于现代生活，引导学生理性消费。

……

本章小结

本章主要介绍了AI如何助力短视频内容策划。首先介绍了短视频账号定位的方法，帮助精准获取流量；接着介绍了选题策略与实操技巧，提升创意效率；然后介绍了内容构思技巧，助力打造爆款视频；最后介绍了DeepSeek网页版的智能交互功能，并结合案例展示AI在短视频策划中的应用。

课后实训

鉴于本章知识的重要性，为了帮助读者更好地掌握所学知识，本节将通过课后实训，帮助读者进行简单的知识回顾和补充。

扫码看教学视频

实训任务：使用DeepSeek创作一篇短视频脚本，主题为“新手学滑板的10个技巧”，相关提示词及回复内容如下。

提示词

请你作为一个滑板运动博主，根据“新手学滑板的10个技巧”这个主题创作一篇短视频脚本。

DeepSeek

新手学滑板的10个技巧 | 看完秒变滑板少年！

场景：阳光明媚的下午，一个滑板公园，博主穿着休闲，拿着滑板，充满活力地对着镜头。

（开场）

博主：“嘿，大家好！我是[你的名字]，欢迎来到我的频道！今天我们要聊的是——新手学滑板的10个技巧！让你从零开始，秒变滑板少年！Ready？Let's go！”

（技巧1：选择合适的滑板）

镜头切换：博主站在一堆滑板前，拿起不同的滑板展示。

博主：“首先，选择一块适合自己的滑板很重要！新手建议选择宽度为19～20.3cm的滑板，轮子选择硬度适中的，这样更容易控制。”

（技巧2：学会正确站姿）

镜头切换：博主站在滑板上，展示正确的站姿。

博主：“接下来，学会正确的站姿！前脚放在前桥钉后面，后脚放在板尾，膝盖微微弯曲，保持身体平衡。”

（技巧3：练习滑行）

镜头切换：博主在平地上滑行，展示如何用后脚蹬地。

博主：“现在，让我们开始滑行！用后脚轻轻蹬地，前脚控制方向，保持身体重心在前脚。”

（技巧4：学会转弯）
镜头切换：博主展示如何通过倾斜身体和脚踝来转弯。
博主："想要转弯？很简单！通过倾斜身体和脚踝，你可以轻松控制滑板的转向。"
（技巧5：掌握刹车技巧）
镜头切换：博主展示如何用后脚摩擦地面刹车。
博主："安全第一！学会刹车很重要。用后脚轻轻摩擦地面，逐渐减速。"
……

【拍摄篇】

第3章 脚本创作：AI 生成分镜头，让故事更生动

脚本是短视频的灵魂，决定着内容的节奏与吸引力。本章将深入讲解短视频编导如何从0到1掌握脚本创作，通过优化叙事结构、强化视觉表现力，并借助AI工具Kimi和豆包高效生成分镜头，使故事更具感染力，画面更具冲击力，让短视频创作迈向更高水平。

3.1 脚本创作：从 0 到 1 掌握短视频叙事

脚本是短视频编导构建故事的核心工具，决定着内容的逻辑性、感染力和传播效果。本节将从脚本的定义与价值入手，剖析其在短视频创作中的关键作用，并介绍3大主流脚本类型，帮助编导厘清创作思路。

同时，本节将介绍创作前的准备清单、6大核心要素及高转化脚本编写技巧，助力编导从0到1掌握短视频叙事方法，打造兼具创意与吸引力的优质作品，让内容更具感染力与传播力。

3.1.1 脚本定义与价值

扫码看教学视频

脚本是用户拍摄短视频的主要依据，它预先规划并统筹了短视频拍摄过程中的所有关键环节，包括拍摄时间、所需设备、背景设置、拍摄对象以及拍摄手法等。表3-1为一个简单的短视频脚本模板。

表 3-1 短视频脚本模板

镜号	景别	运镜	画面	设备	备注
1	远景	固定镜头	在天桥上俯拍城市中的车流	手机广角镜头	延时摄影
2	全景	跟随运镜	拍摄主角从天桥上走过的画面	手持稳定器	慢镜头
3	近景	上升运镜	从人物手部拍到头部	手持拍摄	
4	特写	固定镜头	人物脸上露出开心的表情	三脚架	
5	中景	跟随运镜	拍摄人物走下天桥楼梯的画面	手持稳定器	
6	全景	固定镜头	拍摄人物与朋友见面问候的场景	三脚架	
7	近景	固定镜头	拍摄两人手牵手的温馨画面	三脚架	后期背景虚化
8	远景	固定镜头	拍摄两人走向街道远处的画面	三脚架	欢快的背景音乐

在短视频的创作流程中，脚本扮演着至关重要的角色。它确保团队协同工作，避免突发状况，如场景不符、道具缺失等，浪费时间和资金。详尽的脚本能提升制作效率和品质。

3.1.2 脚本的关键作用

扫码看教学视频

脚本在短视频创作中具有关键作用，主要用于指导所有参与创作的工作人员，以提高工作效率并确保短视频的质量。图3-1为短视频脚本的作用。

提高效率 → 短视频脚本如同文章的目录大纲或建筑的设计图纸，为创作者提供了清晰的拍摄框架和步骤。相关人员可以依据脚本中的指导，有条不紊地完成各个镜头的拍摄，从而显著提升拍摄效率

提升质量 → 在短视频脚本中，创作者可以对每个镜头的画面进行精心设计和打磨，包括景别的选择、场景的布置、服装的搭配、台词的编写以及人物表情的刻画等。通过细致的规划和后期的剪辑配合，呈现出更加完美、引人入胜的视频画面效果

图 3-1　短视频脚本的作用

3.1.3　3大主流脚本类型

扫码看教学视频

短视频时间虽短，但精心设计的脚本和镜头画面能显著提升其内容质量，增加上热门的机会。短视频脚本主要分为分镜头脚本、拍摄提纲以及文学脚本3种，如图3-2所示。

分镜头脚本 → 用文字将镜头能够表现的画面描述出来，通常包括景别、拍摄技巧、时间、机位、画面内容和音效等，同时非常注重细节的描写，可以说是一种“文字化”的影像内容

拍摄提纲 → 这是一种更为简洁的脚本形式，主要列出短视频拍摄的基本要点和框架。它旨在应对拍摄现场的不确定性，为摄影师提供灵活的创作空间。拍摄提纲更侧重于提示拍摄内容，而非具体细节，因此非常适合访谈类、资讯类等以信息传递为主的短视频内容

文学脚本 → 与分镜头脚本不同，文学脚本不详细规定分镜头的具体细节，而是侧重于设计人物任务、台词以及整体拍摄思路。它适用于那些不需要复杂剧情的短视频作品，如教学视频、产品测评、时事评论等。文学脚本通过清晰的任务分配和台词设计，确保视频内容条理清晰、信息准确

图 3-2　短视频的脚本类型

总结一下，分镜头脚本适用于剧情类的短视频作品，拍摄提纲适用于访谈类或资讯类的短视频作品，文学脚本则适用于没有复杂剧情的短视频作品。

3.1.4　创作前的准备清单

扫码看教学视频

当用户在正式开始创作短视频脚本前，需要做好一些前期准备，将短视频的整体拍摄思路确定好，同时制订一个基本的创作流

程。图3-3所示为编写短视频脚本的前期准备工作。

内容定位 → 确定好视频的表现形式和具体内容，如情景故事、产品带货、美食探店、服装穿搭、才艺表演或者人物访谈等，将基本内容确定下来

主题策划 → 有了内容创作方向后，还要根据这个方向来确定一个拍摄主题，如在美食探店类的视频内容中拍摄“烤全羊”，这就是具体的拍摄主题

选定时间 → 将各个镜头拍摄的时间定下来，形成具体的拍摄方案，并提前告知所有的工作人员，让大家做好准备和安排好时间，确保拍摄进度的正常执行

选定地点 → 选择具体的拍摄地点，是在室外拍摄还是在室内拍摄，这些都要提前选好地点。例如，拍摄风光类的短视频，就需要选择有山有水或者风景优美的地方

选定 BGM → 短视频的 BGM（Background Music）是一个非常重要的元素，合适的 BGM 可以为短视频带来更多的流量和热度。例如，拍摄舞蹈类的短视频，就需要选择一首节奏感较强的 BGM

拍摄参照 → 用户还可以找一个优秀的同类型短视频作为参照，看看其中有哪些场景和镜头值得借鉴，可以将其用到自己的短视频脚本中

图 3-3　编写短视频脚本的前期准备工作

3.1.5　脚本的6大核心要素

在短视频脚本中，用户需要认真设计每一个镜头。下面介绍短视频脚本的基本要素，如图3-4所示。

扫码看教学视频

景别 → 在拍摄短视频的分镜头时，选择合适的镜头景别，如远景、全景、中景、近景、特写等，可以交替使用各种不同的景别，增强短视频的艺术感染力

内容 → 内容就是用户想要通过短视频表达的东西，可以将内容拆分成一个个小片段，放到不同的镜头里面，通过不同方式将其呈现出来

台词 → 台词是指短视频中人物所说的话语，具有传递信息、刻画人物和体现主题的功能，短视频的台词设计应以简洁为主，否则观众听起来会觉得很累、很难理解

时长	每个镜头的时间长度要提前预估好，同时对于剧情的转折或反转的时间点也要标注好，方便后期人员快速剪辑出重点内容，从而提升剪辑效率
运镜	用户在实际拍摄时可以组合运用多种运镜方法，让镜头看上去更加丰富、酷炫，画面更有动感
道具	道具作为辅助物品，要能够做到画龙点睛，切不可画蛇添足，让道具抢了主体的光

图 3-4　短视频脚本的基本要素

3.1.6　编写高转化脚本技巧

扫码看教学视频

在编写高转化短视频脚本时，用户需要遵循化繁为简的形式规则，同时需要确保内容的丰富度和完整性。图3-5所示为短视频脚本的基本编写流程。

搭建框架	拟出短视频的基本大纲，明确拍摄主题、故事线索、人物关系和场景选址
明确主题	确定短视频的中心思想，围绕该主题构思具体大纲，确保内容紧扣主题
设置角色	列出短视频中将要出现的人物及其角色定位，明确各自的任务和职责
选择场景	根据镜头主题选择拍摄地点，如聚餐场景可选择餐厅，并列出所需道具
设计情节	构思短视频的剧情发展，采用顺叙、插叙或倒叙等方式，确保情节能够吸引并调动观众情绪
运用影调	根据短视频想要表达的情绪选择合适的影调，如暖色调用于搞笑画面，以增强氛围
背景音乐	选用与剧情气氛相符的背景音乐和音效，如搞笑短视频可搭配笑声，以提升观众体验

图 3-5　短视频脚本的基本编写流程

3.2 优化脚本：让短视频内容更具吸引力

短视频创作不仅是内容的呈现，更是对观众注意力的精准捕捉与引导。优化脚本是提升短视频吸引力的关键。

本节将深入讲解如何从用户视角出发吸引观众的注意力，打造视觉美学以实现电影级画面效果，以及通过冲突设计，用转折点提升故事张力。

通过分析经典爆款脚本的叙事技巧，编导们可以借鉴其中的精髓，同时利用数据验证高点赞脚本的共性特征，为创作提供实用参考，帮助短视频内容更具吸引力、传播力和感染力。

3.2.1 用户视角：吸引观众注意力的黄金法则

扫码看教学视频

为了创作出真正优质的短视频作品，创作者需要站在观众的角度去思考脚本内容的策划。这包括考虑观众喜欢观看的内容类型，当前哪些话题或内容更受观众欢迎，以及如何拍摄才能让观众更有共鸣。

在短视频领域，内容的重要性远超技术。即使拍摄场景简陋、服装道具普通，只要内容足够吸引人，短视频就有可能走红。技术可以通过不断练习来提升，但内容的创作灵感却需要创作者具备一定的天赋和洞察力。正如音乐创作一样，好的歌手不一定能成为好的音乐人，真正能够流传的作品往往源于深刻的内容和情感共鸣。

例如，抖音上有很多使用“五毛特效”的短视频，但它们凭借精心设计的内容，仍然赢得了观众的喜爱，如图3-6所示。这些视频的创作者显然深谙观众心理，知道如何制作能够触动观众的内容。

图 3-6 “五毛特效”短视频案例

再比如，有一个账号的创作者经常在短视频中模仿各类影视剧人物和游戏角色。虽然视频看上去制作比较粗糙，但每个道具都恰到好处地体现了所模仿人物的特点，特效使用也恰到好处。更重要的是，这些短视频在内容上并非单纯地模仿，而是加入了原创剧情，甚至出现了不少经典台词，因此获得了大量粉丝的关注和点赞。

3.2.2　视觉美学：打造电影级画面的秘诀

扫码看教学视频

短视频的拍摄和摄影类似，都非常注重审美，审美决定了作品的高度。随着智能手机摄影功能的日益强大，短视频的拍摄门槛进一步降低，几乎人人都能拿起手机拍摄短视频。

同时，各种剪辑软件也变得越来越智能化，即便是粗制滥造的画面，经过后期剪辑处理，也能焕发出新的光彩，就像抖音特效里的“神奇化妆术”一样。例如，剪映App中的“一键成片”功能，内置了众多模板和效果，用户只需导入拍好的视频或照片素材，就能轻松制作出同款短视频效果，如图3-7所示。

图 3-7　剪映 App 中的“一键成片”功能

然而，尽管短视频的技术门槛越来越低，但艺术审美和强烈的画面感仍然是加分项，能够显著提升用户的竞争力。因此，创作者在拍摄短视频时，不仅要确保视频画面的稳定和清晰，还要注重突出主体，通过巧妙组合各种景别、构图、运镜方式，以及结合快镜头和慢镜头，来增强视频画面的运动感、层次感和表现力。

要形成好的审美观，用户需要不断学习、实践和总结。可以多参考、多琢磨优秀的短视频作品，模仿其拍摄手法和技巧，同时结合自己的创意和想法进行尝试和实践。只有通过不断的努力和实践，才能逐渐提升自己的审美水平和短视频创作能力。

3.2.3 冲突设计：用转折点提升故事张力

扫码看教学视频

在策划短视频的脚本时，用户可以设计一些反差感强烈的转折场景，通过这种高低落差的安排，形成十分明显的对比效果，为短视频带来新意的同时，也为观众提供更多笑点。

短视频中的冲突和转折能够让观众产生惊喜感，同时对剧情的印象更加深刻，刺激他们去点赞和转发。下面笔者总结了一些在短视频中设置冲突和转折的相关技巧，如图3-8所示。

剧情有代入感	剧情贴合观众的生活或工作场景，增加代入感
台词幽默搞笑	采用旁白进行叙事，设计能引起观众爆笑的台词
剧情容易模仿	结合正能量与反转剧情，带动观众进行模仿跟拍
人物形象反差	让剧中的人物形象与角色定位或话题形成强烈反差
试听体验反差	使用与剧情形成强烈反差的背景音乐，增加噱头
加入地域对比	表现不同地域的文化习惯或生活方式，形成鲜明对比
加入角色对比	设计角色的财富、年龄、形象等对比

图 3-8　在短视频中设置冲突和转折的相关技巧

除了靠自身的创意想法外，用户也可以多收集一些热梗作为短视频的灵感来源，这些热梗通常自带流量和话题属性，能够吸引大量观众的点赞。用户可以将短视频的点赞量、评论量、转发量作为筛选依据，找到并收藏抖音、快手等短视频平台上的热门视频，然后进行模仿、跟拍和创新，打造属于自己的优质短视频作品。

3.2.4　爆款拆解：向经典脚本学习叙事技巧

扫码看教学视频

当用户在策划短视频脚本内容遭遇创意瓶颈时，一个有效的策略就是翻拍或改编经典的影视作品。

为了寻找合适的翻拍素材，用户可以前往豆瓣电影平台，参考各类影片排行榜。图3-9所示为相关电影排行榜，建议将排名靠前的影片列入备选清单，并深入探寻那些令人难忘的经典片段。

这些经典片段可以涵盖多个方面，如某个标志性的画面、具有象征意义的道具、深入人心的台词、独特的人物造型等。用户可以将这些元素巧妙地融入自己的短视频创作中，为作品增添独特的魅力和深度。

图 3-9　豆瓣电影排行榜

3.2.5　数据验证：高点赞脚本的共性特征

扫码看教学视频

对于短视频新手而言，尽管账号定位和后期剪辑可能不会构成太大挑战，但脚本策划往往成为他们最为棘手的问题。一个精心策划的脚本，往往能迅速推动一条短视频走红。那么，究竟什么样的脚本更有可能使短视频脱颖而出，赢得大量点赞呢？一些优质短视频脚本的常用内容形式如图3-10所示。

有价值	短视频中提供的信息有实用价值，如知识、技巧等
有观点	能够在第一秒就展现出能抓住人心的观点，如生活感悟等，用词不宜深奥
有共鸣	短视频内容一定要能够和观众产生共鸣，如价值共鸣、经历共鸣等，获得观众的认同
有冲突	可以在短视频的开头抛出问题或设置悬念，利用“好奇心”引导观众看完整条视频；或者在中间设置反转剧情，点燃观众的兴趣点
有利益	可以告诉观众看完这个视频，或者关注自己，他们能够获得哪些利益，解决哪些痛点，给出利益点，给观众一个美好的期待
有收获	很多观众看短视频时抱着一种学习的目的，希望能够收获新的知识，因此短视频内容需要给观众营造一种“获得感”
有惊喜	用户要做出有自己特色的内容，如采用新颖的拍摄手法或呈现独特的故事内容，给观众带来惊喜感
有感官	用户可以采用“技术流”的拍法，通过热潮的音乐加上炫酷的特效，给观众带来听觉刺激和视觉刺激

图 3-10　优质短视频脚本的常用内容形式

3.3　AI 短视频脚本案例：用 Kimi 打造爆款短视频

AI技术的进步为短视频编导提供了全新的创作思路，Kimi作为智能脚本生成工具，能够高效辅助编导策划优质内容。本节将全面解析Kimi的核心功能，帮助编导掌握提示词工程，精准引导AI生成高质量短视频脚本。通过美食、旅行和知识分享三大实操案例，剖析如何借助Kimi快速构思、优化短视频剧本，让创作更加高效且富有创意。无论是初学者还是专业编导，都能通过AI提升选题策划和内容呈现能力，打造更具吸引力的爆款短视频。

3.3.1　Kimi功能全解析：从界面到核心能力

扫码看教学视频

Kimi是一个由月之暗面科技有限公司精心打造的AI工具，它不仅仅是一个简单的聊天机器人，更是一个多功能、多语言的AI助手，旨在通过其先进的AI技术和用户友好的界面设计，为用户带来前所未有的便捷体验。图3-11所示为Kimi首页的页面布局。

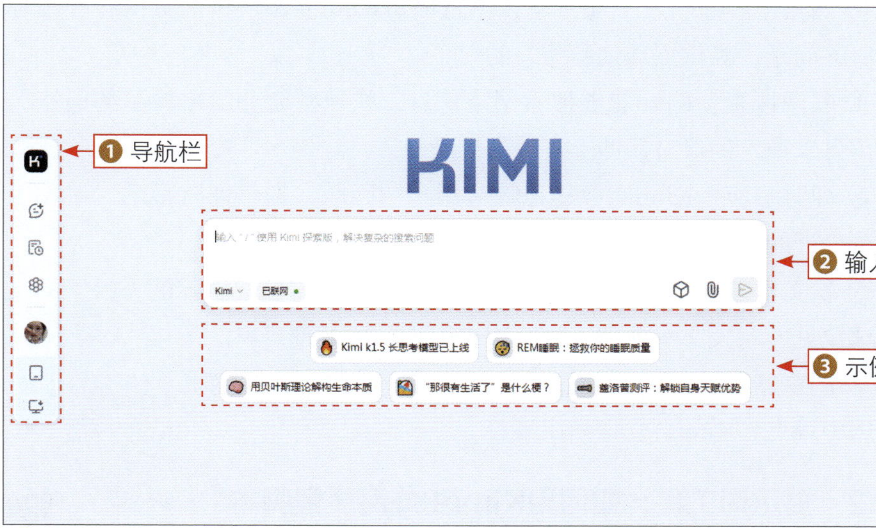

图 3-11　Kimi 首页的页面布局

下面对Kimi首页中的各个主要部分进行介绍。

❶ 导航栏：Kimi左侧的导航栏中提供了多种功能，例如用户通过单击按钮，即可从Kimi的任意页面回到首页；单击按钮，进入相应页面，其中内置了一些封装好的智能体，如翻译通、PPT助手、论文写作助手等，用户可以直接使用这些智能体来快速解决特定问题。

❷ 输入框：这是一个多功能的交互区域，用户可以在此与Kimi进行交流，无论是提问、上传文件、发送链接还是进行其他形式的交互，都可以通过这个输入框来实现。

❸ 示例区：该区域中提供了多个提示词示例，用户可以通过选择这些提示词示例，快速启动Kimi的特定服务或功能，而无需自己编写详细的指令或提示词。

在众多国内顶尖的AI大模型中，Kimi无疑占据了一席之地，它不仅支持长文本的输入和输出，还集成了联网搜索、文档总结等功能，且完全免费。自推出以来，Kimi便以卓越的性能赢得了用户的广泛赞誉，尤其受到办公族的青睐。

Kimi的主要功能亮点如下。

① 多语言交流　Kimi精通中文和英文对话，能够服务更广泛的用户群体，对于需要双语支持的用户来说，这是一大优势。

② 文件上传　Kimi支持上传图片、txt、pdf、doc、ppt和xlsx等多种格式的文件，能够阅读并理解文件内容，为用户提供帮助。

③ 网页内容解析　当用户输入网址时，Kimi能够解析网页内容并结合这些内容回答问题，提供更准确和相关的信息。

④ 联网搜索　Kimi能够搜索网络信息，快速整合并给出详尽的回答，同时提供信息来源，确保对话的丰富性和准确性。

⑤ 即时响应　Kimi能够迅速响应用户的问题，提供即时帮助，避免了让用户等待处理的不便，提升了用户体验。

⑥ 长文本处理　Kimi支持超长文本输入，能够处理高达200万汉字的文本，是全球罕见的超长文本处理工具，用户无需分段处理资料。

⑦ 浏览器插件　这是Kimi新增的功能，用户可以在网页上快速启动Kimi，直接选中难点，Kimi会立即给出解释。

3.3.2 提示词工程：如何用Kimi生成高质量脚本

扫码看教学视频

Kimi的工作方式是用户先输入并发送提示词，Kimi再根据提示词来生成内容。用户若想获得理想的回复内容，就要使提示词充分包含自己的需求，且被Kimi所理解。用户可以在Kimi的输入框中输入提示词，如图3-12所示。单击发送按钮或按【Enter】键确认，即可将提示词发送给Kimi。

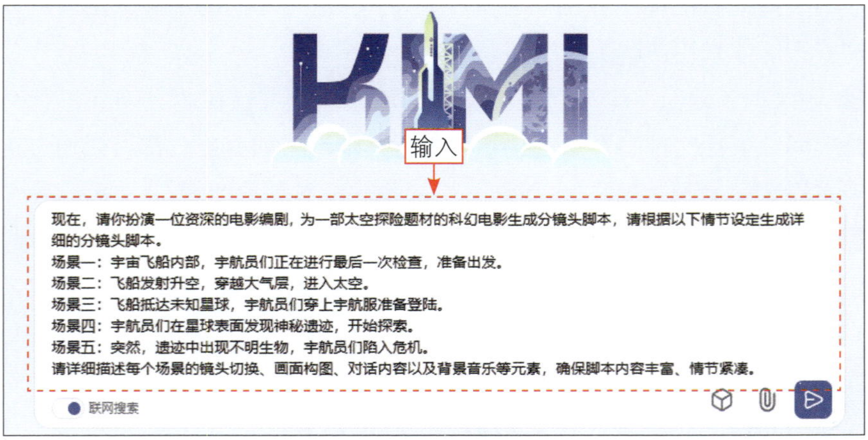

图 3-12　输入提示词

一个精心设计的提示词能够显著提升AI的响应质量和效率。然而，编写有效的提示词并非易事，它需要对AI的理解能力和用户需求有深刻的洞察。下面介绍一些Kimi的提示词使用技巧，帮助大家编写出既高效又富有吸引力的Kimi提示词，让它能够更好地理解你的指令，生成更精彩的脚本。

① 明确提示词的核心目标　用户在输入提示词之前，首先要明确提示词的核心目标与意图，即你想要得到什么样的结果。例如，想要让Kimi生成一篇关于某个主题的文章，就要明确文章的主题、字数、写作风格等要求。

② 精心设计提示词内容　在设计提示词的内容时，我们要追求质量而非数量，尽可能提供详细、准确、具有启发性的信息，以激发Kimi的创造力；同时，避免提供过多的限制性信息，给Kimi留下一定的自由发挥空间。

③ 运用自然语言增强Kimi的理解力　在与Kimi对话的过程中，用户要尽量使用自然语言来写提示词，避免使用过于复杂或专业的语言。Kimi是基于自然语言处理的模型，使用自然语言写的提示词可以让Kimi更好地理解用户的需求，并生成自然、流畅的回答。

☆ 专家提醒 ☆

自然语言是指人类日常使用的语言，包括口语和书面语。与计算机语言不同，自然语言是人类用来表述问题或需求的方式，几乎所有人都能轻松理解；而计算机语言则是人们为了与计算机进行交互而设计的特定语言，一般人是无法理解的。

④ 提供示例与引导，激发Kimi的创意　用户在提示词中可以给Kimi提供一些示例和引导，从而帮助Kimi更好地理解需求。例如，用户可以提供一些相关的话题、关键词或短语，或者描述一个场景、故事，以便Kimi能够准确捕捉意图并生成符合要求的内容。

⑤ 用问题导向法引导Kimi精准回应　用户可以采用问题的形式，提出你希望Kimi回答或讨论的内容，如“什么是短视频脚本”。注意，问题要明确具体，不要太宽泛，避免像“告诉我关于短视频脚本的全部内容”这样过于开放式的问题。另外，用户还可以使用“如何”“为什么”“什么”等提问词来构建提示词。

⑥ 融入具体细节，丰富Kimi的输出内容　通过在提示词中提供具体、详细的细节和信息，帮助Kimi更好地理解需求，从而生成更准确、具体的回复。

⑦ 明确格式要求，规范Kimi的输出样式　用户可以指定Kimi的输出格式，可以要求以列表形式回复、限定字数长度等，以便得到更符合要求的内容。

⑧ 采用肯定语言，激发Kimi积极回应　在提示词中使用肯定的语言，可以最大限度地激发Kimi的正面回应，提高提示词的有效性。

⑨ 模拟角色提问，增强场景代入感　用户可以为Kimi假设一个角色的身份并提出问题，这样可以为Kimi提供更明确的情境。需要注意的是，角色设置要具

体和明确，如电影编剧、电影导演、电影制片人等，避免过于泛泛的角色设置。同时，背景要尽量描述充分，帮助Kimi更好地理解该角色的视角。另外，尽量用第二人称表达，增加代入感和逼真度。

3.3.3 案例1：用AI生成美食账号短视频脚本

扫码看教学视频

美食账号短视频脚本是专为美食类短视频制作的文字方案，它详细规划了视频的内容、镜头切换、解说词等，是视频制作的重要基础。这类脚本的特点在于步骤清晰、简洁明了，能够确保拍摄过程高效有序，同时保证视频质量。

使用AI生成美食类短视频脚本具有显著优势。AI能够快速分析市场趋势和热门话题，为创作者提供创意灵感，生成符合当前市场需求的脚本。此外，AI生成的脚本通常结构紧凑、节奏恰当，有助于提升视频的吸引力和完播率。

通过AI工具，创作者可以节省大量编写脚本的时间和精力，更专注于拍摄和后期制作，从而提高整体创作效率。同时，AI还能根据创作者的个人风格和需求，对生成的脚本进行优化调整，使其更具个性化和差异化。

下面是一个由Kimi设计的美食账号短视频脚本的具体案例。

提示词

请你扮演一位美食博主，策划一个短视频脚本，内容为在温馨的家庭厨房中教授如何制作一款简单又营养的早餐——牛油果吐司配煎蛋，每个镜头需包括景别、内容、台词、时长、运镜和道具等要素。

Kimi

短视频脚本：牛油果吐司配煎蛋早餐教程
镜头1：厨房全景（开场）
景别：全景
内容：镜头缓缓扫过温馨的家庭厨房，阳光透过窗户洒在干净的料理台上。
台词：（轻快的背景音乐）“嘿，小伙伴们，欢迎来到我的厨房！今天我要教大家做一款简单又营养的早餐——牛油果吐司配煎蛋！”
时长：5秒
运镜：平移镜头，从左到右扫过厨房。
道具：厨房环境布置温馨，阳光充足。
镜头2：食材展示
景别：中景
……

☆ 专家提醒 ☆

该提示词写作特点明确且具体，意义在于指导生成高质量的美食短视频脚本。详细列出镜头要素，包括景别、内容、台词等，使得脚本策划更加专业和系统，有助于博主高效制作出既具观赏性又富实用性的美食教程视频。

3.3.4　案例2：用AI生成旅行账号短视频脚本

扫码看教学视频

旅行账号短视频脚本的特点在于它的故事性、画面感、情感共鸣、简洁明了和互动性。一个好的短视频脚本需要讲述一个完整的故事，从开头到结尾都有清晰的逻辑和情节发展。画面感是通过生动的语言描绘出旅行中的美景和细节，让观众仿佛身临其境。情感共鸣是通过分享个人的感受和体验，让观众产生共鸣，激发他们的旅行欲望。简洁明了的语言能够突出重点，避免冗长和啰唆，使得视频更加紧凑和有吸引力。互动性是通过引导观众参与评论和分享，增加视频的互动性和传播力。

下面是一个由Kimi设计的旅行账号短视频脚本的具体案例。

提示词

假设你是一位对城市文化充满好奇的探索者，今天来到巴黎，目标是深入了解这座“光之城”的浪漫与艺术。在创作短视频脚本前，需要做好以下前期准备，包括内容定位、主题策划、选定时间、选定地点、选定BGM和拍摄参照等要素。

Kimi

以下是一份关于巴黎城市文化探索短视频的前期准备工作内容。

一、内容定位

目标受众

主要面向对欧洲文化、浪漫艺术氛围感兴趣的年轻人，尤其是旅行爱好者、艺术学生和文化探索者。他们希望通过短视频快速了解巴黎的独特魅力，同时获得一些旅行灵感。

内容风格

以轻松、文艺、富有情感的风格为主。通过细腻的画面和文字，展现巴黎的浪漫与艺术氛围，让观众仿佛身临其境，感受到这座城市的独特魅力。

……

☆ 专家提醒 ☆

该提示词写作特点明确且具体，它设定了探索者的身份和巴黎城市文化探索的主题，详细列出了前期准备的关键要素，如内容定位、主题策划等，为创作短视频脚本提供了清晰的框架和方向，有助于高效产出高质量内容。

3.3.5 案例3：用AI生成知识分享账号短视频脚本

扫码看教学视频

知识分享账号短视频脚本的核心在于清晰、简洁且富有启发性，能够快速吸引观众的注意力并传递有价值的信息。脚本需要围绕一个明确的主题展开，避免内容过于宽泛或复杂。语言表达要通俗易懂，避免使用过于专业或晦涩的词汇，确保观众能够轻松理解。

同时，脚本应注重逻辑性，通过清晰的结构（如引言、主体、总结）来组织内容，让观众能够跟随思路轻松学习。此外，适当的幽默感或趣味性可以提高视频的吸引力，让知识分享不再枯燥。

下面是一个由Kimi设计的知识分享账号短视频脚本的具体案例。

提示词

张探长站在一片郁郁葱葱的森林边缘，身后是茂密的树木和远处隐约可见的溪流。今天，他将带领观众进行一次自然探索之旅，揭秘森林中的神秘生物——萤火虫。请详细描述视频框架、明确主题、设置角色、选择场景、设计情节，运用柔和影调和轻快的背景音乐等技巧。

Kimi

一、视频框架
开场引入
张探长站在森林边缘，镜头缓缓推进，展示他身后郁郁葱葱的森林和远处的溪流，营造出神秘而宁静的氛围。
张探长转身面向镜头，用充满好奇心和探索欲的语气介绍今天的探索主题——森林中的神秘生物萤火虫。
主体探索
第一阶段：进入森林
张探长带领观众走进森林，镜头跟随他的脚步，展示森林中的各种植物和光影变化，同时介绍森林的基本生态知识。
第二阶段：寻找萤火虫
……

☆ 专家提醒 ☆

该提示词写作特点鲜明：先以生动的场景描绘吸引观众，明确主题“自然探索之旅”；设置主角“张探长”，增强代入感；选择森林场景，贴近自然；设计发现萤火虫的情节，引人入胜；同时暗示运用柔和影调和轻快音乐，营造探索氛围。

3.4　AI 短视频分镜案例：用豆包设计电影级分镜头

在短视频创作中，分镜头设计是提升故事表现力的关键。豆包等AI工具凭借强大的绘画与智能辅助功能，可以为编导提供高效便捷的分镜设计方案。本节将深入解析豆包的核心功能，并结合情感类与动漫类短视频案例，讲解如何运用AI优化画面表达，打造电影级视觉体验，让短视频更具吸引力。

3.4.1　豆包功能全解析：从界面到AI绘画能力

扫码看教学视频

豆包，作为字节跳动公司倾力打造的AI助手，不仅擅长自然语言对话与文本创作，还上线了AI绘画功能。用户登录豆包平台，可以在左侧的导航栏中选择“图像生成”选项，即可进入其页面，使用AI进行绘画创作，如图3-13所示。

图 3-13　豆包“图像生成”页面

下面对“图像生成”页面中的各主要部分进行介绍。

❶ 导航栏：该区域包含“新对话”“AI搜索”“帮我写作”“图像生成”“AI阅读”“AI编程”“语音通话”“AI智能体”“AI云盘”和“收藏夹”等导航链接，用户可以单击相应链接，前往对应的页面进行操作。

❷ 功能区：用户能够体验到一系列强大的图像编辑功能，包括AI抠图、擦除、区域重绘、扩图等。

❸ 灵感区：这里是充满创意与灵感的宝库，集合了其他用户所创作的优秀

作品，这些作品不仅为用户提供了丰富的视觉享受，更激发了他们内心深处的创作欲望。

❹ 输入框：该区域是用户生成图像的关键，用户需要在此输入提示词，或者上传参考图，同时还可以设置图像的比例和风格等生成参数。需要注意的是，即使是完全相同的提示词和生成参数，AI每次生成的图像效果都会有差别。

3.4.2 分镜设计技巧：如何用豆包提升画面表现力

扫码看教学视频

在豆包中生成图像时，使用品质参数提示词可以帮助用户指导AI模型生成更高质量的图像，满足用户对图像质量的要求。

品质参数提示词在AI绘画中扮演着至关重要的角色，它们如同桥梁，连接着用户的创意与AI的生成能力，确保最终作品在视觉上达到卓越标准，技术上展现专业水平，并紧密贴合用户的个性化需求。通过品质参数提示词，用户可以更精确地控制AI绘画的结果，实现个性化和高质量的艺术创作，效果如图3-14所示。

图 3-14　AI 绘画效果示例

3.4.3 案例1：用AI设计情感类分镜头画面

扫码看教学视频

【效果展示】情感类分镜头画面是短视频中细腻展现角色情感的视觉片段。通过精心设计的镜头语言，传达角色的内心世界和情感变化。AI能够高效分析情感数据，精准捕捉情感细节，设计出符合需求的画面，效果如图3-15所示。

图 3-15　情感故事电影镜头画面效果

下面介绍使用豆包设计情感类分镜头画面的操作方法。

步骤 01 在导航栏中，❶单击“图像生成”按钮，进入“图像生成”页面；❷在功能区中单击“扩图”按钮，如图3-16所示。

图 3-16　单击对应按钮

☆ 专家提醒 ☆

AI 扩图的原理基于深度学习和神经网络模型，通过分析并学习大量图像的特征和规律，AI 能够对原始图片进行深入理解，在保持图片原有风格和内容的基础上，利用算法预测并补充图像的扩展部分，实现图像的放大或扩展。

步骤 02 执行操作后，弹出“打开”对话框，选择相应的参考图，如图3-17所示。

步骤 03 单击“打开”按钮，如图3-18所示，即可上传参考图。

图 3-17　选择相应的参考图

图 3-18　单击“打开”按钮

步骤 04 在页面上方的工具栏中，选择16：9选项，调整画布尺寸，如图3-19所示。单击“按新尺寸生成图片”按钮，即可扩展图片。

步骤 05 由于原图与新扩展的画面之间不是很融洽，单击“擦除”按钮，如图3-20所示。

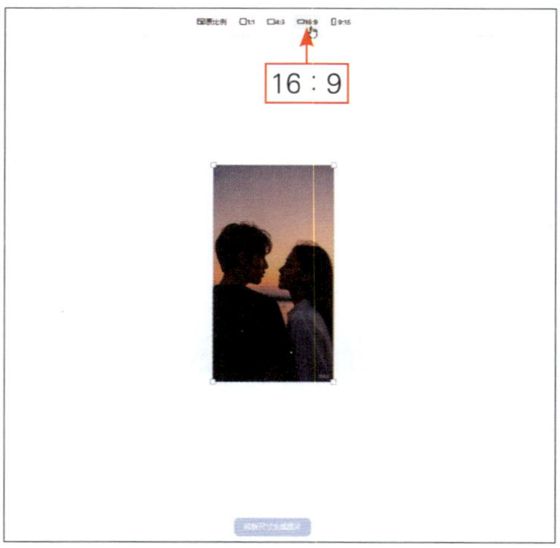

图 3-19　选择 16 ： 9 选项

图 3-20　单击“擦除”按钮

步骤 06 执行操作后，展开“擦除”窗口，设置画笔大小为40，如图3-21所示。

步骤 07 在图像中按住鼠标左键并拖曳，涂抹需要重绘的区域，如图3-22所示，即可修复图像。

图 3-21　设置画笔大小参数

图 3-22　涂抹需要重绘的区域

3.4.4　案例2：用AI设计动漫类分镜头画面

扫码看教学视频

【效果展示】在豆包中，创作者借助“图像生成”功能可以设计出动漫风格的分镜头画面，还可以根据需求设置分镜头画面的生成比例。效果如图3-23所示。

图 3-23　动漫类分镜头画面效果

下面介绍使用豆包设计动漫类分镜头画面的操作方法。

步骤 01 登录并进入豆包的“新对话”页面，在导航栏中单击“图像生成”按钮，如图3-24所示。

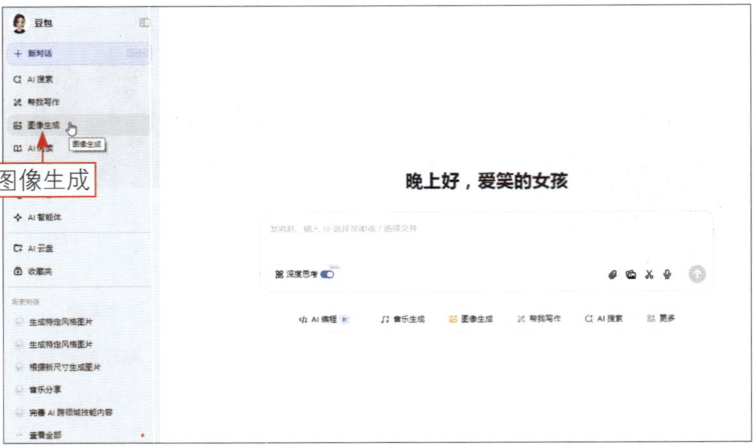

图 3-24　单击“图像生成”按钮

步骤 02 执行操作后，进入“图像生成”页面，❶在输入框中单击“风格”按钮；❷在弹出的下拉列表框中选择“动漫”选项，如图3-25所示，可以显著提升图像生成的针对性和实用性。

图 3-25　设置图片风格为动漫

步骤 03 在输入框中输入相应的提示词，描述画面的主体内容，如图3-26所示。

图 3-26　输入相应的提示词

步骤 04 ❶在输入框中单击“比例”按钮；❷在弹出的列表框中选择4∶3选项，如图3-27所示，使AI生成的图像适用于传统的电视屏幕和显示器。

图 3-27　设置图片的比例

步骤 05 单击“发送”按钮，即可根据提示词要求生成相应的图像效果，如图3-28所示。

图 3-28　生成相应的图像效果

步骤 06 单击相应的效果缩略图，预览大图效果，在展开的右侧窗口中单击“下载原图”按钮，如图3-29所示，即可下载所选效果图。

图 3-29 单击“下载原图”按钮

本章小结

本章主要介绍了AI在短视频脚本创作与分镜设计中的应用。首先介绍了短视频脚本的基础知识，如定义、价值、关键作用等；然后介绍了如何通过优化脚本提升短视频的吸引力，包括吸引观众注意力、打造电影级画面、增加故事冲突等技巧；最后介绍了如何利用AI工具如Kimi和豆包生成高质量的短视频脚本和分镜，通过具体的案例展示了AI在美食、旅行和知识分享等领域的实际应用，展示了AI如何提升创作效率与内容质量。

课后实训

鉴于本章知识的重要性，为了帮助读者更好地掌握所学知识，本节将通过课后实训，帮助读者进行简单的知识回顾和补充。

扫码看教学视频

实训任务：使用AI设计3D分镜头画面，效果如图3-30所示。

图 3-30　3D 分镜头画面效果

下面介绍使用豆包设计3D分镜头画面的操作方法。

步骤 01 在导航栏中，单击“图像生成”按钮，进入“图像生成”页面，在灵感区中单击“3D渲染”按钮，如图3-31所示。

图 3-31　在图像生成页面单击“3D 渲染”按钮

步骤 02 在灵感区中选择相应模板，并单击“做同款”按钮，如图3-32所示。

步骤 03 在输入框中输入相应的提示词，描述画面的主体内容，单击“发送”按钮⬆，如图3-33所示。

图 3-32　单击相应按钮

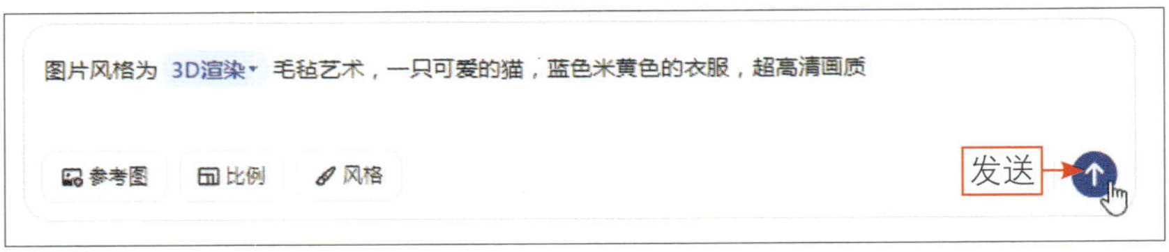

图 3-33　输入并发送提示词

步骤 04 执行操作后即可根据提示词要求生成相应的图像效果，如果对生成的效果不够满意，单击“重新生成”按钮，可以生成新的图像，如图 3-34 所示。

图 3-34　单击“重新生成”按钮

步骤 05 单击相应的效果缩略图，预览大图效果，在展开的右侧窗口中单击“下载原图”按钮，如图3-35所示，即可下载所选效果图。

图 3-35　单击“下载原图”按钮

第4章

拍摄技术：

精通镜头语言，轻松拍出爆款

短视频编导不仅要有创新的想法，还需掌握拍摄与制作的专业技能。本章将深入讲解短视频拍摄的核心技巧，从专业设备到手机拍摄，再到光影运用与运镜艺术，全方位解锁短视频创作的视觉密码，助你打造引人入胜的视觉盛宴。

4.1　短视频拍摄：解锁专业技巧，打造优质内容

在短视频风靡的今天，作为短视频编导，掌握专业拍摄技巧是打造优质内容、抓住观众眼球的必备技能。从选择合适的拍摄设备，到精准掌握景别与取景技巧，再到利用手机也能拍出专业级大片，每一步都至关重要。同时，高质量拍摄技巧、构图美学与光影艺术的运用，更是提升视频质感、营造视觉盛宴的关键。本节将带你解锁这些专业技巧，助力你在短视频领域脱颖而出。

4.1.1　设备篇：解锁短视频拍摄神器

扫码看教学视频

对于短视频创作者而言，选择合适的拍摄设备至关重要。尽管专业相机能带来卓越画质，但智能手机凭借其便携性和日益增强的拍摄功能，已成为众多创作者的首选。下面将介绍两种主要的短视频拍摄设备：智能手机和相机。

4.1.1.1　智能手机

智能手机作为现代人日常生活中不可或缺的通信工具，其拍摄功能也在不断更新迭代，逐渐满足了短视频创作者的基本乃至高级需求。

（1）选择智能手机的考量因素

当我们选择智能手机作为短视频拍摄设备时，有几个关键因素需要被考虑。这些因素不仅影响着拍摄的质量，还直接关系到创作的便利性和效率。

① 视频分辨率　高分辨率能够确保视频画面的清晰度，是选择智能手机时的重要考量因素。例如，HUAWEI Pura70 Ultra支持4K视频录制，为用户提供了高质量的视觉体验。

② 帧速率　高帧速率能够确保视频的流畅度，在动态场景中表现尤为突出。选择一款支持高帧速率录制的智能手机能够让你的短视频作品更加生动、自然。

③ 防抖性能　防抖功能对于减少拍摄过程中的抖动至关重要，它能够确保画面的稳定性。HUAWEI Pura70 Ultra配备了先进的防抖技术，如AI防抖，使得拍摄更加轻松、稳定。

④ 对焦能力　快速、准确的对焦能够确保拍摄主体的清晰度。选择一款对焦能力强的智能手机，能够让你的短视频作品更加专业、吸引人。

⑤ 电池容量与存储空间　足够的电池容量和存储空间是确保长时间拍摄和存储大量视频文件的基础。在选择智能手机时，务必考虑这两个因素，以免在拍

摄过程中遇到电量不足或存储空间不足的尴尬情况。

（2）HUAWEI Pura70 Ultra的亮点

除了上述基本功能外，HUAWEI Pura70 Ultra还支持超级慢动作视频拍摄等功能，为短视频创作者提供了更多的创作可能性和灵感。其优秀的拍摄画质和流畅度，使得用户无需进行复杂的后期处理，即可轻松制作出高质量的短视频作品。

对于那些对短视频品质要求不高的用户来说，普通的智能手机已经能够满足他们的拍摄需求。然而，对于追求更高品质、更专业创作的用户来说，选择一款像HUAWEI Pura70 Ultra这样具备强大拍摄功能的智能手机，将是一个明智的选择，如图4-1所示。

图 4-1　HUAWEI Pura70 Ultra 智能手机

4.1.1.2　相机

虽然智能手机已经能够满足大部分短视频创作者的需求，但对于追求极致画质或特殊拍摄效果的创作者来说，摄像机等专业设备仍然是不可或缺的。摄像机通常具备更高的分辨率、更丰富的拍摄模式以及更强的后期处理能力。此外，一些专业摄像机还支持外接麦克风、灯光等配件，能进一步提升拍摄效果。然而，摄像机通常体积较大、价格较高，并且需要一定的专业知识和操作技能。因此，在选择摄像机时，创作者需要根据自己的实际需求和预算进行权衡。

4.1.2　景别篇：掌握短视频取景秘籍

扫码看教学视频

本节将深入讲解短视频拍摄中的镜头取景技巧，即镜头景别。通过实例解析，让创作者全面、直观地感受不同景别的魅力，并积累短视频拍摄的基础知识。

4.1.2.1　全景镜头

全景镜头展现人物或主体的全貌，包括性别、服装、表情等细节，适合表现人物关系，展现整体场景。

4.1.2.2　中景镜头

中景镜头聚焦于人物上半身，突出形象细节，如面部表情、发型发色等，适用于室内室外场景，增强人物形象的表达。

4.1.2.3　近景镜头

近景镜头重点刻画人物面部特征，如表情、妆容等，专注于人物情感的传递，而对于人物的肢体动作和所处环境的交代则基本可以忽略，如图4-2所示。

图 4-2　使用近景镜头拍摄的视频示例

4.1.2.4　特写与大特写镜头

特写镜头展现人物头部细节，包括下巴、眼睛等，如图4-3所示。特写镜头景别可以更好地展现人物面部的细微情绪，包括表情和神态等，如低头微笑、仰天痛哭、眉头微皱以及惊愕诧异等，从而渲染出短视频的情感氛围。

大特写专注于脸部细节，极特写则只对准眼睛、嘴巴等局部，进行对细节的刻画和描述。这些镜头能更好地展现人物情绪，推动剧情发展。

通过灵活运用这些景别技巧，短视频创作者能够更有效地讲述故事，传达情感，吸引观众。掌握这些取景秘籍，将大大提升你的短视频创作水平。

图 4-3　使用特写镜头拍摄的视频示例

4.1.3　手机拍摄：手机也能拍出大片感

扫码看教学视频

在拍摄短视频时，选购合适的拍摄器材和配件固然重要，但掌握手机的各种拍摄功能同样关键。只有熟练掌握这些功能，才能得心应手地拍摄出优质的短视频。

4.1.3.1　如何拍出稳定清晰的视频画面

拍摄器材的稳定性对视频画面的清晰度有着至关重要的影响。如果手机在拍摄时不够稳定，视频画面就会摇晃模糊。因此，固定手机拍摄可以确保视频画面的平稳和清晰。

大多数情况下，我们会采用手持的方式来保持手机稳定。正确的持机方式是用双手夹住手机，保持稳定。注意，千万不要只用两根手指夹住手机，在高的建筑、山区、湖面以及河流等地方拍摄时，这样做手机非常容易坠落。如果必须单手持机，最好紧紧握住手机；如果双手持机，可以使用“夹住”的方式，这样更加稳固。

此外，还可以将手肘放在一个稳定的平台上来减轻手部压力，或者使用三脚架、八爪鱼、手持稳定器等设备来固定手机，并配合无线快门拍摄视频。

4.1.3.2　用好手机自带的视频拍摄功能

随着手机功能的不断升级，几乎所有智能手机都能拍摄视频，但不同品牌和型号的手机，其视频拍摄功能会有所差别。

以HUAWEI Pura70 Ultra手机为例，打开相机后，点击“录像”按钮，如

图4-4所示，即可切换至视频拍摄界面。在这里，你可以开启或关闭闪光灯、九宫格辅助线等，以帮助更好地进行拍摄和构图取景。

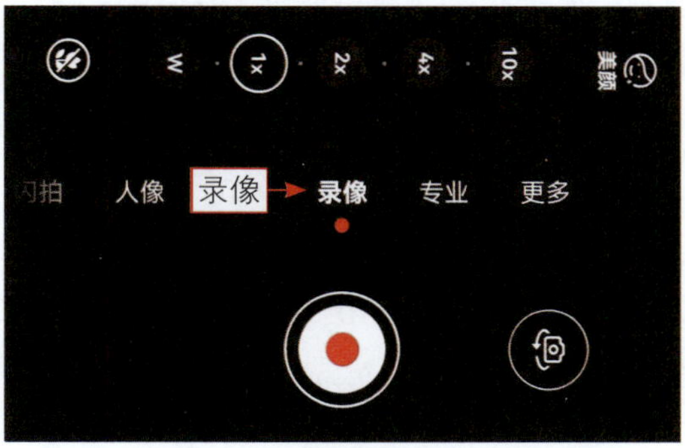

图 4-4　点击“录像”按钮

HUAWEI Pura70 Ultra手机等高端机型拥有高像素镜头和强大的防抖功能，能够拍摄出稳定清晰的视频画面。

4.1.3.3　设置手机视频的分辨率和帧率

在拍摄短视频前，需要选择正确的视频分辨率和帧率。通常建议将分辨率设置为1080p（FHD）、18：9（FHD+）、4K（UHD）或8K等。不同分辨率对应不同的画面清晰度，用户可以根据需求进行选择。

同时，帧率的设置影响视频的流畅度。一般来说，帧率越高，视频越流畅。用户可以根据实际拍摄需求进行调整。

4.1.3.4　设置手机对焦点拍出清晰画面

对焦是影响画面清晰度的关键因素。在拍摄短视频时，要确保手机镜头的洁净，避免灰尘和污垢遮挡视野。

手机通常会自动对焦，但用户可以通过点击屏幕来改变对焦点的位置。选择反差大的位置进行对焦，可以更容易地实现精准对焦。等待手机完成合焦并清晰对焦后，再按下快门拍摄视频，以确保画面清晰。

4.1.3.5　用好手机的变焦功能拍摄远处

变焦功能可以让用户拍摄到远处的景物。通过变焦拉近画面，还可以减少透视畸变，获得更强的空间压缩感。但需要注意的是变焦会损失画质，影响画面的清晰度。

在华为手机等高端机型上，用户可以在视频拍摄界面中看到变焦控制条，通过拖曳变焦图标来调整焦距放大画面。同时，也可以通过双指缩放屏幕或设置音量键功能来控制焦距。

4.1.3.6 合理设置曝光拍出优质短视频

曝光量的设置对视频画面的效果有着重要影响。用户可以根据环境光线情况来调整曝光参数，使视频画面得到正确的曝光效果。

在对焦框边上，通常有一个太阳图标用于控制曝光范围。通过拖曳该图标，用户可以精准地调整画面的曝光量。同时，还可以利用手机的“自动曝光/自动对焦锁定”功能来锁定曝光和对焦，确保主体始终保持清晰。

4.1.3.7 拍出效果超赞的慢动作短视频

慢动作视频可以呈现出一种时间停止的画面效果。在使用“慢动作”模式进行拍摄时，通过调整倍数参数和帧数模式，用户可以拍摄出不同效果的慢动作视频。

同时，一些高端机型还具备运动侦测功能，可以自动检测取景框中的运动着的物体，非常适用于拍摄高速运动的视频场景。

4.1.3.8 使用手机的多种视频拍摄模式

除了普通的视频拍摄功能外，很多手机还拥有一些特殊的拍摄模式，如“趣AR”“延时摄影”“双景录像”“动态照片”以及“水下相机”等。这些模式可以帮助用户拍出不一样的视频效果。

①“趣AR”模式　结合了AR技术，可以在画面中添加虚拟场景或形象，让短视频更加有趣。

②“延时摄影”模式　可以拍摄出时间流逝的效果。

③“双景录像”模式　可以同时拍摄全景画面和特写画面，实现拍摄者与被拍摄景物的完美同框效果。

④“动态照片”模式　可以让照片动起来，保存为连续的动态片段。

⑤“水下相机”模式　则适合拍摄精彩的水下世界。

用户可以根据实际需求选择合适的拍摄模式进行拍摄。

4.1.4 高质量拍摄技巧：快速提升视频质感

扫码看教学视频

要想拍摄出高质量的视频，清晰的画面和美观的构图是不可或缺的。本节将向大家介绍多种短视频拍摄技巧，助你拍摄出与众不同的短视频。

4.1.4.1 精准把握拍摄距离

拍摄距离是指镜头与拍摄主体之间的远近关系。在镜头像素固定的情况下，拍摄距离的远近会直接影响视频画面的清晰度。通常，距离镜头越近，画面越清晰，但距离太近也可能导致失焦模糊。控制拍摄距离有两种主要方法。

① 变焦功能　适用于远距离拍摄或拍摄对象难以触达。通过变焦，可将远处景物拉近，避免拍摄者频繁移动。但需注意变焦程度，以免画面模糊。

② 移动机位　对于可轻易触达的拍摄对象，通过移动手机位置来缩短拍摄距离，以获得更清晰的画面。

4.1.4.2　自然流畅的场景切换

场景转换在视频制作中至关重要，它不仅影响剧情走向，还关乎整体视觉效果。生硬的场景转换会降低视频质量。

场景转换分为两类。

① 同镜头内转换　要求场景转换自然得体，符合视频内容。例如，从上山画面拉远至山顶风光，共同构成爬山主题的短视频。

② 片段间转场　通过后期处理软件实现多个镜头间的画面切换。推荐使用剪映App，其丰富的转场效果可大大提升视频质量。

4.1.4.3　利用背景虚化拍出景深效果

背景虚化可突出拍摄主体，增强视频质感。实现背景虚化的关键在于拍摄距离、对焦和背景选择。

① 拍摄距离　焦距越大，背景越模糊。根据拍摄场景选择合适的焦距倍数。例如，在4倍焦距下拍摄的花朵视频，花朵主体是清晰的，背景是模糊的，如图4-5所示。

图 4-5　在 4 倍焦距下拍摄的花朵

② 对焦　点击屏幕中的拍摄主体进行对焦，确保主体清晰。

③ 背景选择　选择干净、简洁的背景，使画面更加美观。

4.1.5 构图美学：打造视觉盛宴的秘诀

扫码看教学视频

在拍摄短视频时，构图是通过精心安排画面中的物体和元素，来营造出一个主次分明、视觉效果突出的画面。适当的构图方式能够将视频的主题思想和创作者的意图以形象化和可视化的方式展现，从而创作出更加引人入胜的视频画面。

4.1.5.1 如何选择构图的画幅

画幅是短视频构图取景的关键，决定了画面的呈现方式，主要有3种。

① 横构图 水平持握手机拍摄，画面宽广自然，适合展现环境和空间。

② 竖构图 垂直持握手机拍摄，画面立体感强，适合展现高大、线条等特性，是抖音、快手等短视频平台的默认画幅。

③ 正方形构图 画幅比例为1∶1，需借助专业拍摄软件设置，如美颜相机等。

4.1.5.2 三分线构图

三分线构图是指将画面从横向或纵向分为三部分，在拍摄时将对象或焦点放在三分线的某一位置上进行构图取景的一种方式，从而让对象更加突出，画面更加美观。三分线构图的拍摄方法十分简单，只需要将主体放置在拍摄画面的横向或者竖向的三分之一处即可。

例如，下面这张照片的天空占了整个画面上方的三分之一，花田占了整个画面下方的三分之二，形成了上三分线构图，这样不仅突出了重点，并且在视觉上也更加令人愉悦，如图4-6所示。

图 4-6 上三分线构图

4.1.5.3　中心构图

中心构图又可以称为中央构图，简而言之，就是将视频主体置于画面正中间进行取景。中心构图最大的优点在于主体非常突出、明确，而且画面可以达到上下左右平衡的效果，更容易抓人眼球。

使用中心构图法进行拍摄时应选择简洁背景或制造趣味中心点，以增强视觉效果。在图4-7所示的照片中，通过对捕鱼者进行精确的测光，可以更有效地凸显照片中的主体，使其在画面中显得更加鲜明且富有生动感。

图 4-7　选择简洁的背景

4.1.6　光影艺术：光的运用让视频更迷人

扫码看教学视频

短视频拍摄门槛虽低，但优质视频仍需精心打造。除构图外，打光同样至关重要。光线处理得当，方能成就佳作。摄影，实为光之艺术，捕捉最佳影调，把握瞬息光线，方能拍出好作品。

4.1.6.1　利用不同类型的光源

光影效果无处不在，拍视频需善用光源。以下介绍三种常见光源。

① 自然光　源自太阳，光线均匀，面积大，但质感和强度不稳定。利用日光拍摄，可呈现真实画面感。图4-8就是利用日光作为整个视频画面的光源来进行拍摄的，这种直射光线的特质是光质较硬，可以拍出最真实的画面感。

图 4-8　自然光拍摄效果

② 人造光　由灯光设备产生，可控性强，能增强画面的视觉冲击力。例如，用LED补光灯可消除阴影，助力主体与情绪表达，如图4-9所示。在影棚内拍摄模特视频时，采用LED补光灯直射模特的正面，人物整个脸部和身体都没有明显的阴影，有助于主体和情绪的表达。

图 4-9　人造光拍摄效果

③ 现场光　主要是利用拍摄现场中存在的各种已有光源来拍摄短视频，如路灯、建筑外围的灯光、舞台氛围灯、室内现场灯以及大型烟花晚会的光线等，这种光线可以更好地传递场景中的情调，而且真实感很强。

需要注意的是，用户在拍摄时需要尽可能地找到高质量的光源，避免画面模糊。光线是可以利用的，所以当自然光不能被有效利用时，可以尝试使用人造光源或现场光源，这也是一种十分有效的拍摄方法。

4.1.6.2　利用反光板控制光线

在室外拍摄人像类短视频时，很多人会先考虑背景，其实光线才是首要因素，如果没有一个好的光线照到人物脸上，再好的背景也是没用的，此时我们可以使用反光板来控制光线。反光板是摄影中常用来进行补光的设备，通常有金色和银色两种颜色，作用也各不相同，如图4-10和图4-11所示。

图 4-10　金色反光板

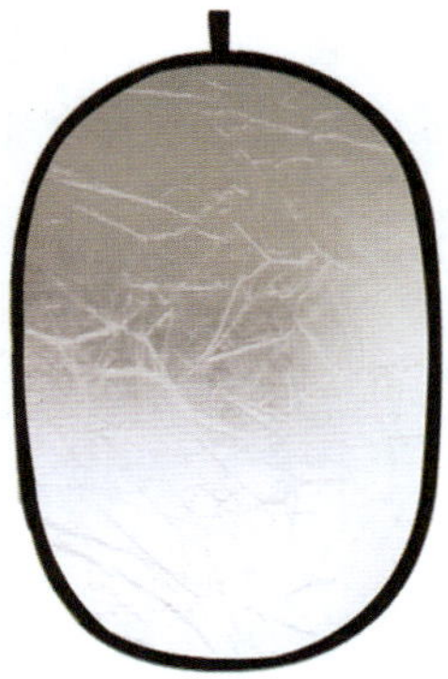

图 4-11　银色反光板

① 银色反光板　明亮光滑，产生明亮光线，易映现眼神光。阴天或顶光环境下，置于人脸下方反射光线。

② 金色反光板　产生暖色调光线，可作主光使用。逆光拍摄时，置于人物侧面或正面稍高位置，反射光线至人脸，形成定向光线效果，防止背景曝光过度。

4.2　短视频运镜：玩转镜头语言，提升视觉感受

短视频编导的艺术，在于玩转镜头语言。本节将介绍如何通过“上摇后拉”的镜头变换，营造层次感，以及“环绕+跟摇”的沉浸体验来增强画面表现力。掌握“旋转回正+过肩后拉”和“希区柯克变焦”等运镜技巧，将使故事在视角变换和情感渲染中更具张力，提升视觉冲击力和观众代入感。

4.2.1　上摇后拉：视野拓展与场景转换

扫码看教学视频

【效果展示】上摇后拉主要从地面开始上摇，在上摇的过程中进行后拉，从下到上地展示人物和人物所处的环境，实现视野的拓展与场景的平滑转换。上摇后拉画面如图4-12所示。

图4-12　上摇后拉画面

下面对拍摄的脚本和分镜头进行解说。

步骤01 人物面对镜头，在人物开始出发时，镜头俯拍脚和地面，如图4-13所示。

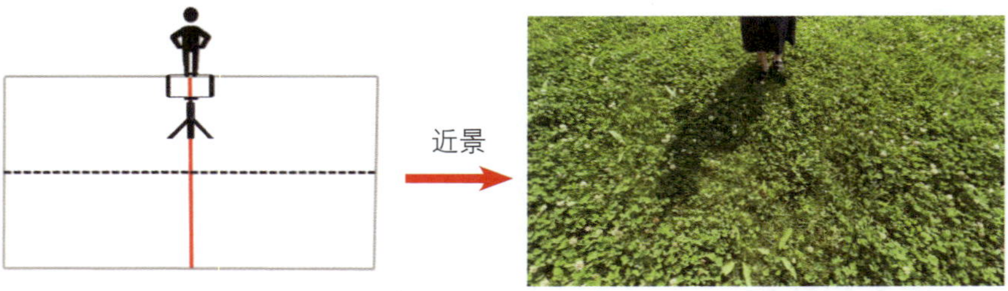

图4-13　镜头俯拍脚和地面

步骤02 人物前行，镜头开始上摇并后拉，如图4-14所示。

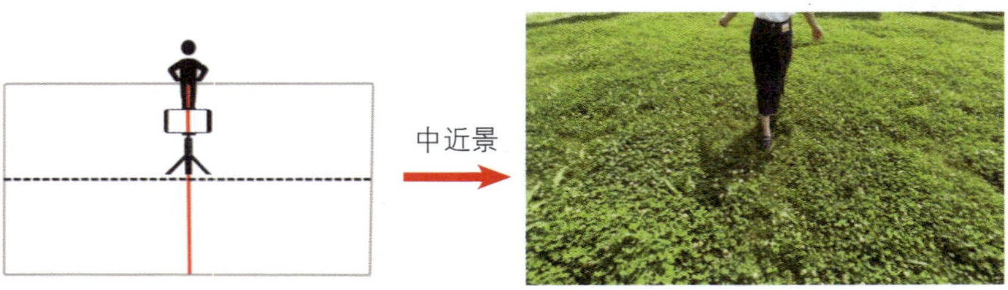

图4-14　镜头开始上摇并后拉

步骤03 人物继续前行，镜头上摇后拉到拍摄人物全景，如图4-15所示。

图 4-15　镜头上摇后拉到拍摄人物全景

步骤 04 镜头继续后拉，人物越来越小，环境内容也越来越多，展示环境的宽广，如图4-16所示。

图 4-16　镜头继续后拉

4.2.2　上移对冲+后拉：动态追踪与空间延伸

扫码看教学视频

【效果展示】上移对冲+后拉镜头主要是镜头低角度拍摄人物正面，并上移对冲人物，与人物相遇后，摇摄至背面并后拉。展现动态追踪的紧迫感与空间的延伸。上移对冲+后拉画面如图4-17所示。

图 4-17　上移对冲 + 后拉画面

下面对拍摄的脚本和分镜头进行解说。

步骤 01 镜头低角度拍摄远处要走来的人物，如图4-18所示。

图 4-18　镜头低角度拍摄远处要走来的人物

步骤 02 人物走来时，镜头上移与人物对冲，如图4-19所示。

图 4-19　镜头上移与人物对冲

步骤 03 镜头与人物相遇后，摇摄至人物的背面，如图4-20所示。

图 4-20　镜头摇摄至人物的背面

步骤 04 镜头后拉一段距离，展示人物背面的场景，也就是转换人物的背景环境，如图4-21所示。

图 4-21　镜头后拉一段距离

4.2.3　环绕+跟摇：全方位展示与沉浸体验

扫码看教学视频

【效果展示】环绕+跟摇指的是人物环绕弧形小径行走，镜头跟摇拍摄人物。全方位展示人物的动态与所处环境，为观众带来身临其境的沉浸体验。环绕+跟摇画面如图4-22所示。

图 4-22　环绕 + 跟摇画面

下面对拍摄的脚本和分镜头进行解说。

步骤 01 固定镜头拍摄站在弧形小径的人物，景别为全景，如图4-23所示。

图 4-23　固定镜头拍摄要行走的人物

步骤 02 人物环绕着小径行走，镜头跟摇拍摄人物，如图4-24所示。

步骤 03 在人物继续环绕行走的时候，镜头持续跟摇拍摄，如图4-25所示。

步骤 04 人物走到弧形小径的另一端，镜头也保持跟摇拍摄，始终让人物处于画面中心，如图4-26所示。

图 4-24　人物环绕行走，镜头跟摇拍摄

图 4-25　人物继续行走，镜头持续跟摇拍摄

图 4-26　人物走远了，镜头保持跟摇拍摄

4.2.4　旋转回正+过肩后拉：视角转换与情感渲染

扫码看教学视频

【效果展示】旋转回正+过肩后拉通过镜头旋转与倾斜制造动感，在回正至水平时完成过肩拍摄，并逐步后拉展现环境，巧妙实现视角转换。这种运镜方式增强画面层次感，使观众在沉浸与抽离间感受角色与环境的关系变化。旋转回正+过肩后拉画面如图4-27所示。

图 4-27　旋转回正 + 过肩后拉画面

下面对拍摄的脚本和分镜头进行解说。

步骤 01 人物背对拍摄者，镜头旋转一定角度拍摄前方的风景，如图4-28所示。

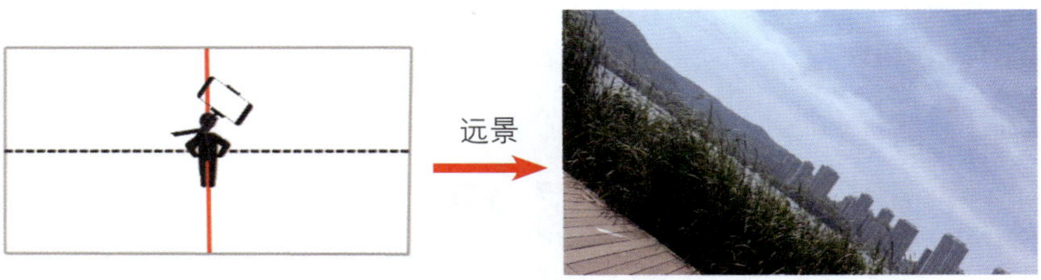

图 4-28　镜头旋转一定角度拍摄前方的风景

步骤 02 镜头逆时针旋转回正到一定的角度，并同时在人物前行的时候进行过肩拍摄，如图4-29所示。

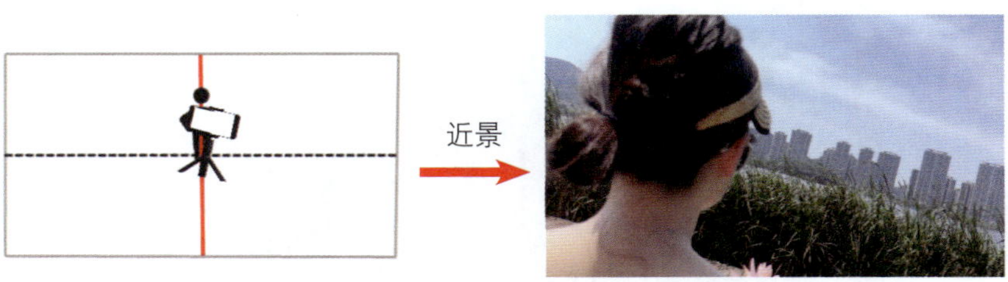

图 4-29　镜头逆时针旋转回正到一定的角度

步骤 03 镜头回正到水平角度的时候，从人物背面后拉，如图4-30所示。

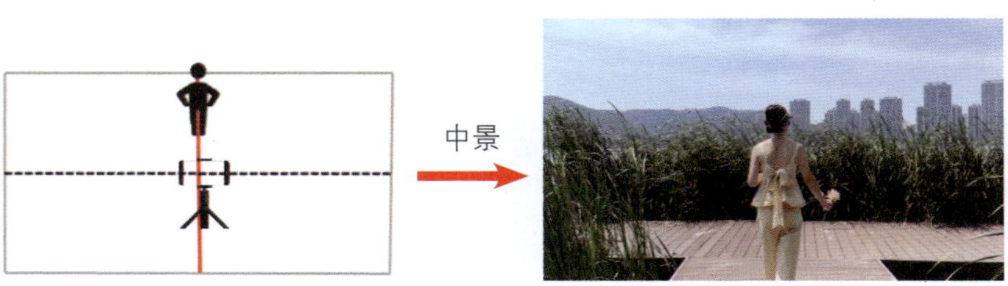

图 4-30　镜头回正后进行后拉拍摄

步骤 04 人物继续前行，镜头也后拉一段距离，展示大环境，如图4-31所示。

图 4-31　镜头继续后拉一段距离

4.2.5　希区柯克变焦：营造紧张氛围的绝技

扫码看教学视频

【效果展示】希区柯克变焦也叫作滑动变焦，通过保持主体位置不变而动态调整背景焦距，创造出一种独特的空间压缩感，营造出强烈的紧张氛围和视觉冲击力。希区柯克变焦画面如图4-32所示。

图 4-32　希区柯克变焦画面

下面将为大家介绍如何使用稳定器来拍摄希区柯克变焦运镜。

步骤 01 在DJI Mimo软件中的拍摄模式下，❶切换至“动态变焦”模式；❷默认选择“背景靠近”拍摄效果，并点击“完成”按钮，如图4-33所示。

步骤 02 ❶框选人像；❷点击“拍摄”按钮，如图4-34所示。在拍摄时，人物位置不变，镜头向后拉慢慢远离人物。

图 4-33　选择拍摄模式

图 4-34　开始拍摄

步骤 03 拍摄完成后，弹出合成提示界面，如图4-35所示。

步骤 04 合成完成后，即可在相册中查看拍摄的视频，如图4-36所示。

图 4-35　弹出合成提示界面

图 4-36　查看拍摄的视频

本章小结

本章主要介绍了短视频拍摄技术与镜头语言运用。首先介绍了拍摄所需的专业技巧，包括设备的选择及取景技巧，手机拍摄的专业方法，提升视频质感的高质量拍摄技巧和构图美学，以及光影在视频拍摄中的应用。然后介绍了多种短视频运镜技巧，包括上摇后拉、上移对冲+后拉、环绕+跟摇、旋转回正+过肩后拉，以及希区柯克变焦等营造氛围的技巧。

课后实训

鉴于本章知识的重要性，为了帮助读者更好地掌握所学知识，本节将通过课后实训，帮助读者进行简单的知识回顾和补充。

扫码看教学视频

实训任务：使用盗梦空间运镜进行旋转跟随拍摄，镜头旋转的时候，产生一种晕眩感，这也是电影《盗梦空间》中常见的镜头表现方式，画面如图4-37所示。

图 4-37 《盗梦空间》画面

下面对拍摄的脚本和分镜头进行解说。

步骤01 稳定器开启“旋转拍摄”模式，倒置镜头拍摄人物，如图4-38所示。

步骤02 拍摄者长按方向键进行旋转拍摄，并跟随人物前行，如图4-39所示。

步骤03 拍摄者继续长按同一个方向键跟随人物，如图4-40所示。

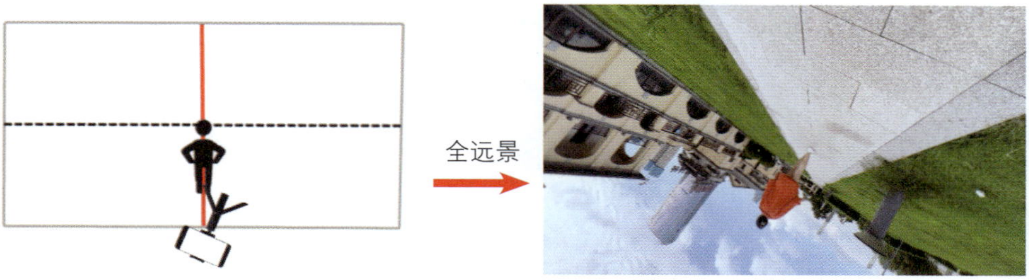

图 4-38　倒置镜头拍摄人物

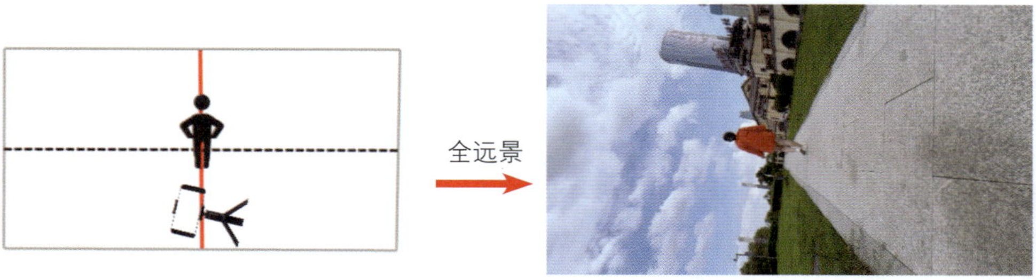

图 4-39　拍摄者长按方向键进行旋转拍摄

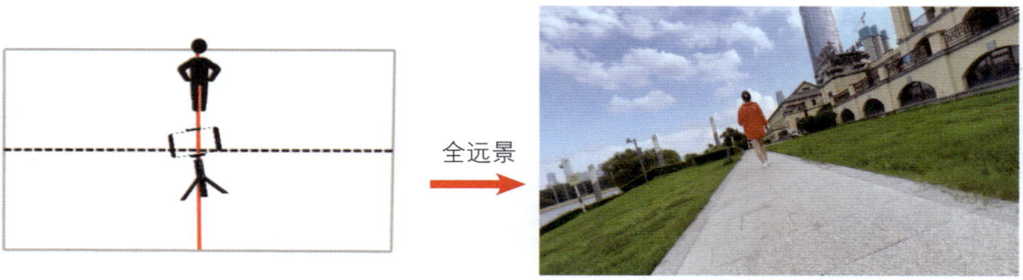

图 4-40　继续长按同一个方向键跟随人物

步骤 04 人物前行到了一定的距离，镜头也旋转了180° 左右，并跟随到一定的距离，从而展示人物所处的场景，如图4-41所示。

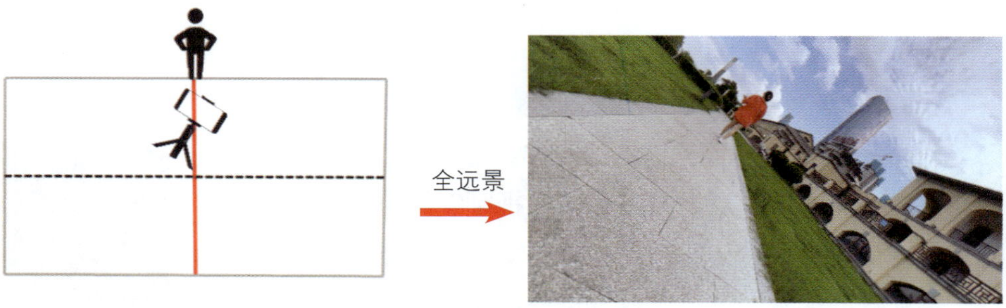

图 4-41　镜头旋转跟随结束

【生成篇】

第5章

视频生成：

用 AI 创作内容，颠覆传统拍摄

对于短视频编导而言，AI技术的融入正成为提升创作效率与质量的关键。本章将详细解析AI视频创作的实际应用，从技术原理到主流平台工具对比，再到文字与图像的智能转化技巧，旨在帮助编导们掌握AI辅助创作的实用方法，提升作品竞争力。

5.1　AI 视频创作：从概念快速到实践

AI技术正为短视频编导带来前所未有的创作可能。本节将介绍AI视频创作的核心概念，解析技术原理，并对比主流AI视频平台，帮助编导选择合适的工具。同时，讲解AI在视觉叙事中的应用，提升短视频的表现力，并通过即梦页面解析，助力编导快速上手AI创作，实现内容的高效生产。

5.1.1　核心概念：AI视频技术原理

扫码看教学视频

AI视频创作的核心技术涵盖了多个方面，包括深度学习与神经网络、生成对抗网络（GAN，Generative Adversarial Net）、自然语言处理（NLP，Natural Language Processing）、计算机视觉与图像识别等，每项技术都在不同层面上支持视频的自动生成与创作。

下面对AI视频创作的核心技术与原理进行相关讲解，如图5-1所示。

深度学习与神经网络	深度学习算法帮助 AI 识别视频中的对象、场景和人物，通过大量数据的训练，使其能够自主生成符合要求的视频内容，而卷积神经网络（CNN，Convolutional Neural Networks）是处理图像和视频内容的核心技术
生成对抗网络（GAN）	GAN 由生成器和判别器组成，生成器负责创造新的视频内容，而判别器则判断生成内容的真假。GAN 能够生成质量高、真实感强的视频内容，被广泛应用于虚拟人物和场景的创作中
自然语言处理（NLP）	在文本生成视频的过程中，NLP 技术帮助 AI 理解文本描述的内容，并根据其含义生成合适的视频内容，这一技术使得 AI 能够根据脚本或故事情节自动生成视觉内容
计算机视觉与图像识别	计算机视觉技术使得 AI 能够“看懂”视频中的内容。通过图像识别，AI 可以分析视频中的每一帧元素，并进行相应的处理。例如，AI 能够识别并自动修正视频中不合适的画面

图 5-1　AI 视频创作的核心技术与原理

5.1.2　工具对比：主流AI视频创作平台

扫码看教学视频

AI技术正深刻地重塑着影视创作的各个环节，特别是在视频制作领域，AI的融入显著提升了创作效率，降低了专业门槛，激发了无限的创意潜能。本节将细致讲解AI视频创作的基本流程与关键步骤、主流工具与平台，助力大家将AI技术有效融入视频制作实践中。

5.1.2.1 AI视频创作的基本流程与关键步骤

AI不仅助力创作者构思并生成视频内容，还能在后期制作中进行智能化编辑。AI视频创作的基本流程可精炼为5个核心步骤，旨在依托AI技术，提升视频制作的效率与创意水平，如图5-2所示。

- 创意设计 → 在 AI 视频创作的初期，创作者需要将基本的故事情节、场景描述和角色信息输入到 AI 工具中。这些信息可以是文本形式的，描述故事的关键节点和视觉需求
- 脚本生成 → 基于输入的创意信息，AI 会生成初步的分镜头脚本，这些脚本包含场景编号、镜头类型、角色和动作描述等。生成的脚本可以是简单的框图或草图，展示每个镜头的布局和关键视觉元素
- 短视频设计 → 在脚本生成后，短视频的 AI 辅助设计工具（如即梦 AI）可以自动生成短视频图，将每个场景转换为视觉镜头。AI 能够识别剧本中的动作、表情、背景等元素，并自动匹配相应的镜头类型
- 素材的生成 → AI 视频创作不仅限于脚本和分镜头设计，还包括视频素材的生成。利用 AI 工具（如可灵 AI、即梦 AI、Pika、剪映等）可以自动生成所需的视频素材，包括人物、场景、特效等
- 视频合成与编辑 → AI 工具能够自动完成镜头的剪辑、过渡效果的添加、音频与视频的同步。比如，使用剪映等工具时，AI 可以识别不同镜头的情感变化，自动选择合适的过渡效果，增强影片的视觉冲击力

图 5-2 AI 视频创作的基本流程与关键步骤

5.1.2.2 AI视频创作的工具与平台概览

随着AI视频创作的蓬勃发展，市场上涌现出了众多功能强大的AI视频创作工具与平台，它们各具特色，可以满足不同的创作需求。下面介绍4款常见的AI视频创作工具与平台，如图5-3所示。

- 可灵 AI → 可灵 AI 由快手团队开发，支持从文本到视频的智能生成，无论是图生视频还是视频续写，都能轻松应对。其生成的画面逼真流畅，被广泛应用于娱乐、营销、教育等领域，为用户带来了前所未有的创作体验
- 剪映 → 剪映是一款功能强大的视频编辑工具，不仅可以生成 AI 视频，还集成了多种 AI 特效功能，如自动添加转场效果、调整视频速度、修复抖动等，这些特效可以大大增强视频的观赏性和趣味性

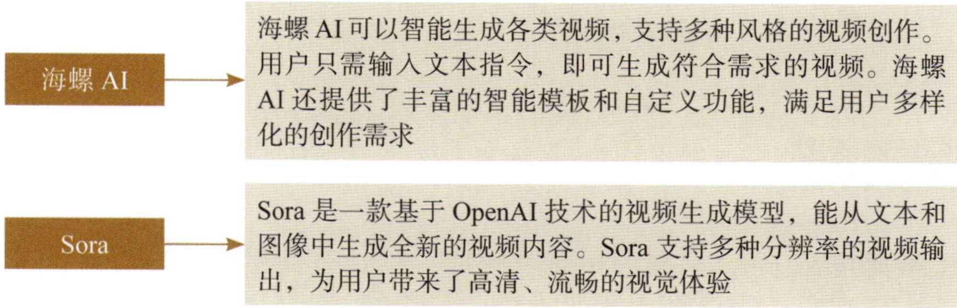

图 5-3　AI 视频创作的工具与平台

5.1.3　视觉叙事：AI视频表达技巧

扫码看教学视频

AI视频创作技术正以前所未有的速度发展，特别是文本生成视频和图片生成视频两大技术，让创作者能够以更直观、更高效的方式将创意转化为视频内容，极大地拓宽了创作的边界。本节将深入介绍这两种AI技术，旨在帮助用户更好地掌握并应用这些前沿技术，以提升视频创作的视觉叙事能力。

5.1.3.1　掌握AI文本生成视频技术

文本生成视频技术是指AI根据输入的文本自动生成与之匹配的视频内容。这项技术将NLP、计算机视觉和深度学习等技术相结合，使得创作者能够用文字描述一个场景、故事或情节，然后由AI将其转化为动态的视频画面。文本生成视频技术的基本原理如图5-4所示。

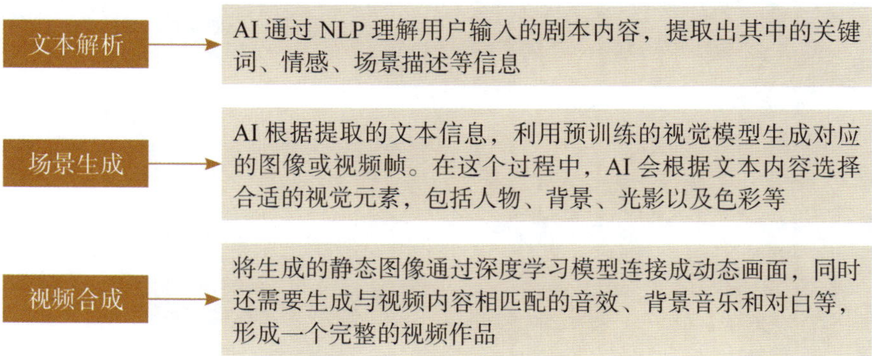

图 5-4　文本生成视频技术的基本原理

5.1.3.2　掌握AI中的图片生成视频技术

与文本生成视频不同，图片生成视频技术是指根据输入的单张或多张图片，AI会自动生成一段连贯的视频。该技术常用于将静态图像转化为动态视频，如电影预览、动画制作、广告视频等领域。图片生成视频技术的基本原理如图5-5所示。

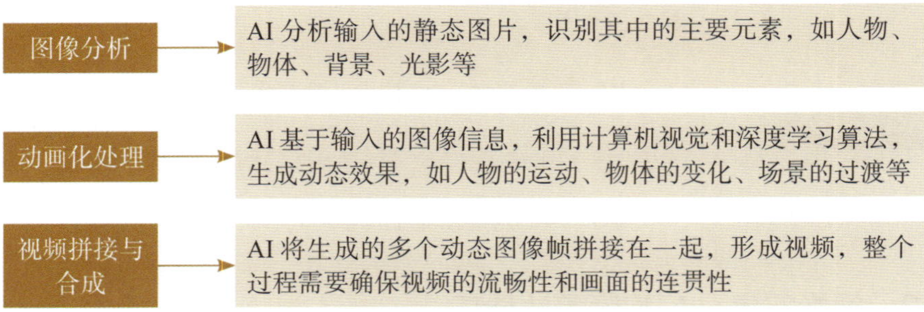

图 5-5　图片生成视频技术的基本原理

5.1.4　即梦页面：入门到精通指南

扫码看教学视频

用户在使用即梦AI进行短视频创作时，若熟练掌握即梦AI页面中的各个功能模块，可以显著提升创作效率。即梦AI的操作页面简洁明了，主要包括导航栏、功能区以及作品区三大部分，如图5-6所示。

图 5-6　即梦 AI 操作页面

下面对即梦AI页面中的各部分进行相关讲解。

❶ 导航栏：即梦AI页面的导航栏设计丰富多样，左侧集成了多个功能按

钮，其中包括“首页”按钮，可以预览即梦AI的首页内容；“探索”按钮，可以欣赏其他用户发布的新奇作品；“活动”按钮，可以参与平台的相关活动；“个人主页”按钮，可以管理个人信息；其他按钮，如“图片生成”“智能画布”“视频生成”等，则分别用于创作不同类型的作品。

❷ 功能区：展示即梦AI的核心功能，如AI作图、AI视频以及数字人等，单击相应的按钮，可以进行相应的创作。

❸ 作品区：展示了平台上其他用户上传的精彩图片与视频作品，汇聚了多样化的创意内容，让用户能够欣赏、学习他人作品并激发自己的灵感，共同促进艺术与技术的交流。

5.2　AI 文生视频：从文字到画面的智能创作

AI文生视频技术让短视频编导能用文字直接生成画面，高效实现创意表达。本节将介绍如何运用AI精准控制运镜、调整运动速度，打造电影感镜头。同时，探讨画面比例的优化策略，适配多平台发布需求，并揭秘流畅模式与时长控制的技巧。此外，还将介绍AI对口型技术，实现语音与画面的精准同步，提升视频专业度。

5.2.1　运镜控制：打造电影级镜头语言

【效果展示】在影视创作中，运镜不仅仅是单纯的镜头移动，更是一种叙事语言。在即梦AI的智能视频生成工具中，运镜控制帮助创作者实现了更加精准的视觉表达，让AI生成的视频更具电影感，效果如图5-7所示。

扫码看教学视频

图 5-7　效果展示

下面介绍具体的操作方法。

步骤 01 打开即梦AI首页，在“AI视频”选项区中单击“视频生成”按钮，如图5-8所示。

步骤 02 执行操作后，进入“视频生成”页面，❶切换至“文本生视频”选项卡；❷输入相应的提示词，用于指导AI生成特定的视频，如图5-9所示。

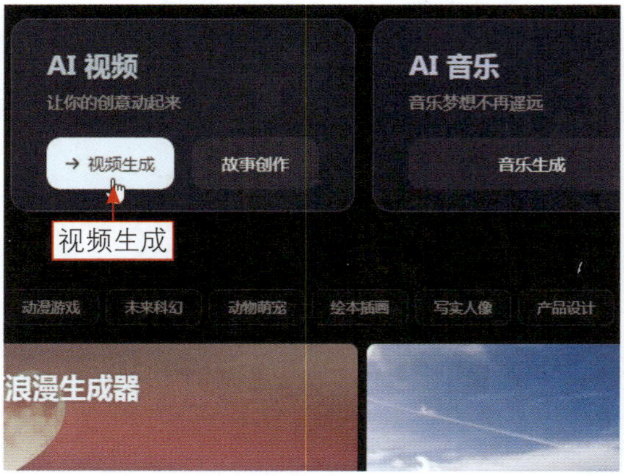

图 5-8　单击“视频生成”按钮

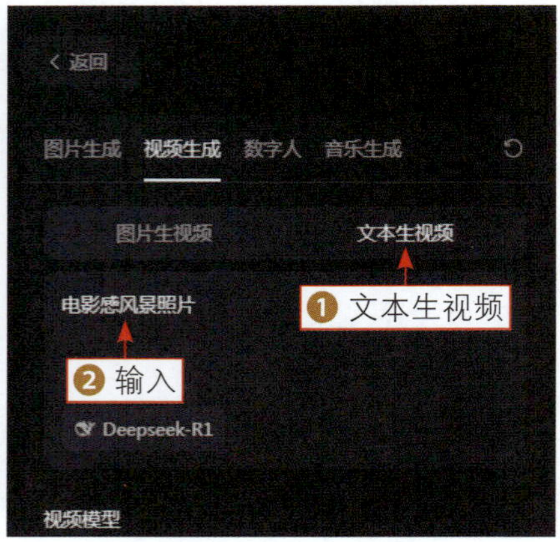

图 5-9　输入文本提示词

步骤 03 ❶单击“随机运镜”按钮，在弹出的“运镜控制”面板中；❷单击“变焦”右侧的按钮，使镜头逐渐靠近拍摄对象，如图5-10所示。单击“应用”按钮后单击“生成视频”按钮。

步骤 04 执行操作后即可开始生成视频，并显示生成进度，如图5-11所示。

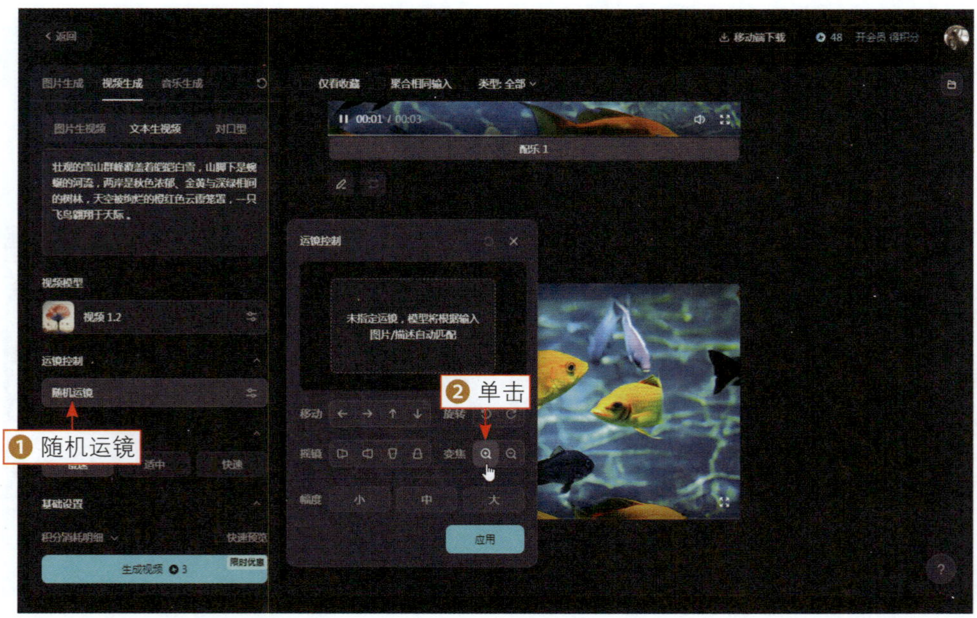

图 5-10　设置“运镜控制”

步骤 05 稍等片刻，即可生成相应的视频效果，将鼠标移至视频画面上，即可自动播放AI视频效果，如图5-12所示。

图 5-11　显示生成进度

图 5-12　自动播放 AI 视频效果

5.2.2　运动速度：精准调节视频节奏

扫码看教学视频

【效果展示】在即梦AI中生成视频时，“运动速度”是一个重要的选项，它允许用户控制视频中的动作和场景变换的速度，效果如图5-13所示。

图 5-13　效果展示

下面介绍具体的操作方法。

步骤 01 进入“视频生成”页面，❶切换至“文本生视频”选项卡；❷输入相应的提示词，用于指导AI生成特定的视频，如图5-14所示。

步骤 02 ❶设置“运动速度”为“慢速”，表示视频画面慢速播放；❷设置“模式选择”为“流畅模式”，如图5-15所示，使视频的画面更流畅。

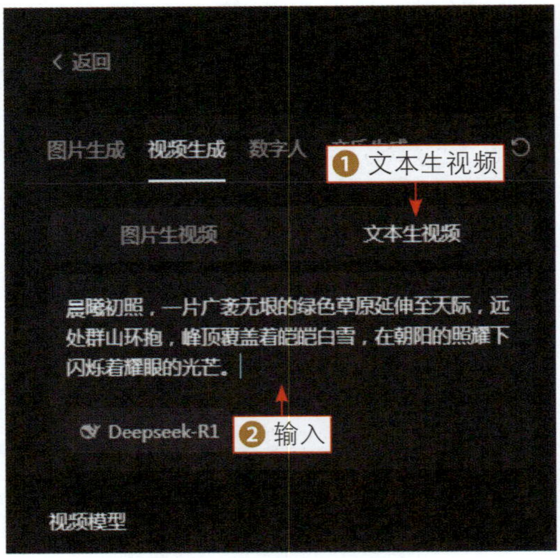

图 5-14　输入文本提示词

图 5-15　设置“运动速度”与“模式选择”

步骤 03 单击“生成视频”按钮，稍等片刻，即可生成相应的视频效果。将鼠标移至视频画面上，即可自动播放AI视频效果，如图5-16所示。

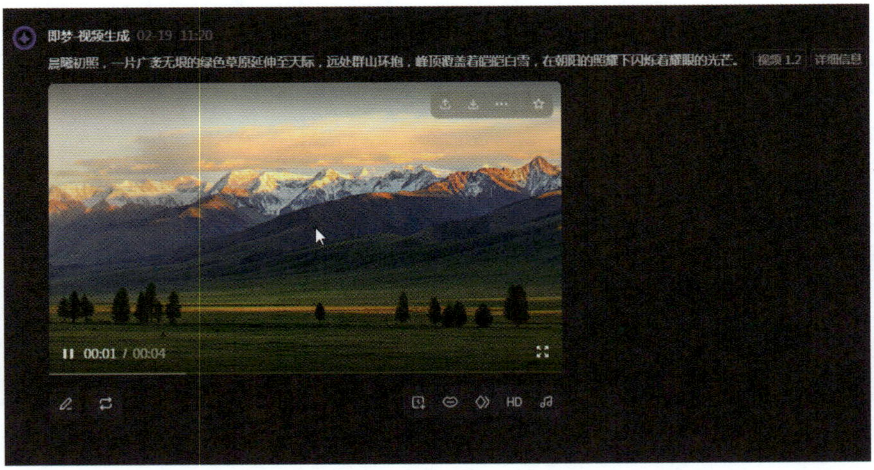

图 5-16　自动播放 AI 视频效果

5.2.3　画面比例：适配多平台的最佳实践

扫码看教学视频

【效果展示】在即梦AI中，不同的视频比例可以影响画面的视觉平衡和构图，用户需要根据内容和设计目标来选择最合适的视频比例。即梦AI中提供了多种模板供用户选择，帮助用户快速获得想要的视频比例。例如，生成方幅比例的视频画面，效果如图5-17所示。

图 5-17　效果展示

下面介绍具体的操作方法。

步骤 01 进入“视频生成”页面，❶切换至“文本生视频”选项卡；❷输入相应的提示词，用于指导AI生成特定的视频，如图5-18所示。

步骤 02 设置“视频比例”为1：1，如图5-19所示。该比例是一种宽度和高度相等的视频尺寸，这种尺寸的视频在视觉上呈现为正方形，特别适合在移动设备和社交媒体平台观看。

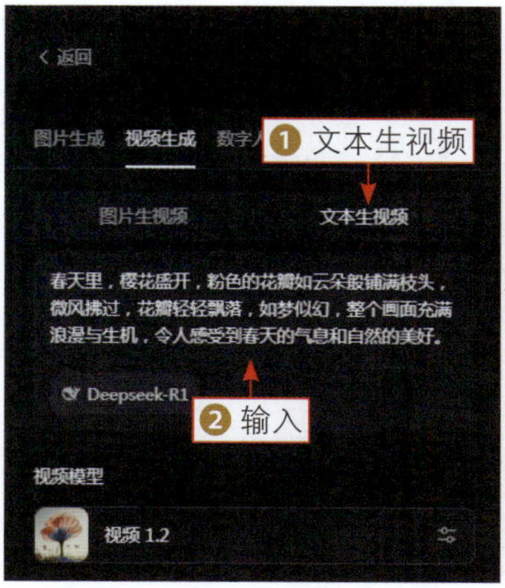

图 5-18　输入文本提示词

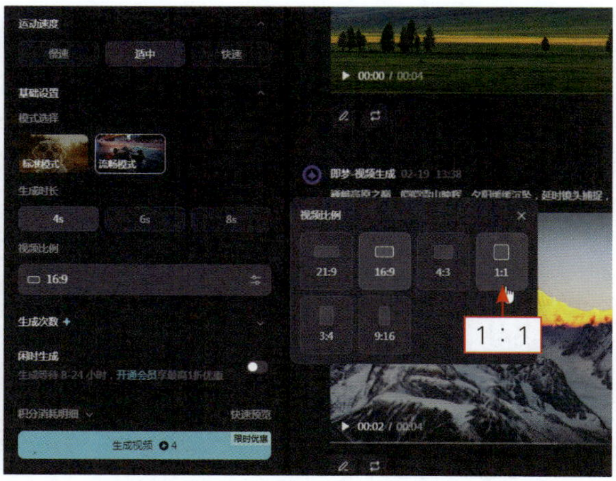

图 5-19　设置“视频比例”为 1 ：1

步骤 03 单击“生成视频”按钮，会显示生成进度，如图5-20所示。稍等片刻，即可生成相应的视频效果。

图 5-20　显示生成进度

☆ 专 家 提 醒 ☆

1 ∶ 1 的方幅视频形成了一个完美的正方形，这种对称性在视觉上非常吸引人。方幅视频的框架限制了画面宽度，迫使观众的注意力集中在画面中心，有助于突出主题和细节。

5.2.4　流畅模式：提升视频观感的秘诀

扫码看教学视频

【效果展示】流畅模式侧重于提升视频的播放流畅度，即梦AI会通过优化视频的编码方式、降低帧率或采用其他技术手段，来减少视频播放时的卡顿和延迟。效果如图5-21所示。

图 5-21　效果展示

下面介绍具体的操作方法。

步骤 01 进入“视频生成”页面，❶切换至“文本生视频”选项卡；❷输入相应的提示词，用于指导AI生成特定的视频，如图5-22所示。

步骤 02 单击“随机运镜”按钮，在弹出的“运镜控制”面板中，单击“变焦”右侧的按钮，如图5-23所示。单击“应用”按钮，使镜头逐渐远离拍摄对象。

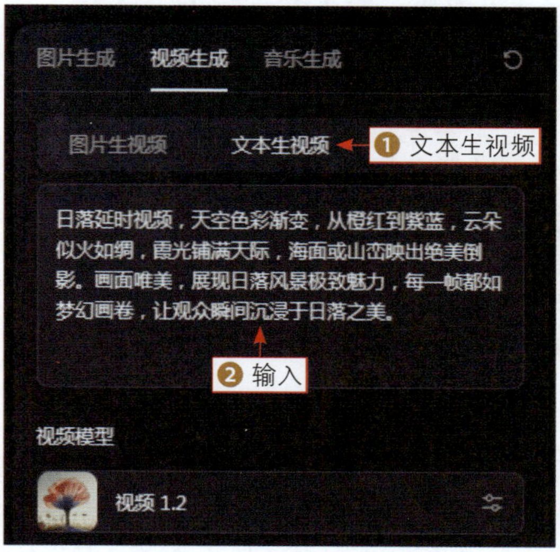

图 5-22　输入文本提示词

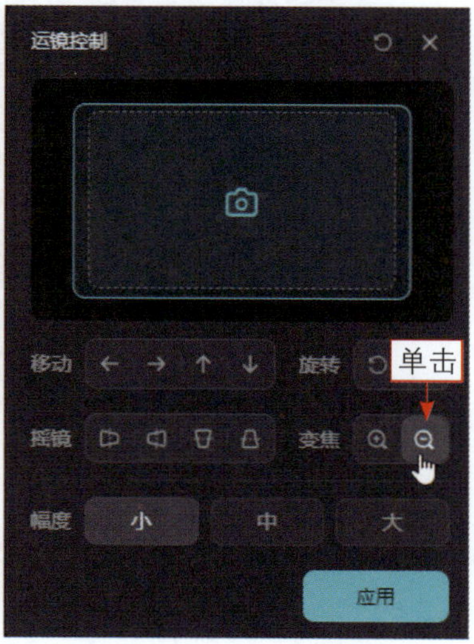

图 5-23　单击“变焦”右侧的相应按钮

步骤 03 设置“模式选择”为“流畅模式”，如图5-24所示，提升视频的播放流畅度。

步骤 04 设置“视频比例”为4：3，如图5-25所示，指导AI生成4：3尺寸的视频画面效果。

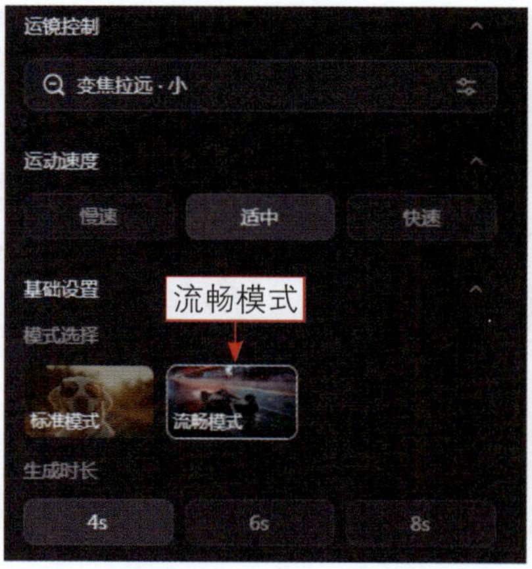

图 5-24　设置“模式选择”为“流畅模式”

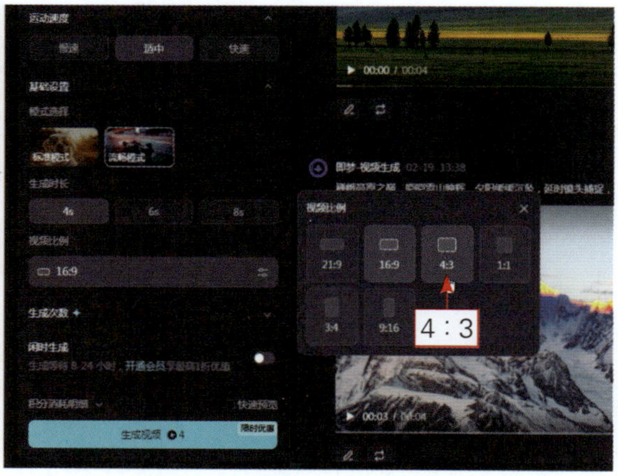

图 5-25　设置“视频比例”为 4 ：3

步骤 05 单击“生成视频”按钮，即可生成相应的视频效果，如图5-26所示。

图 5-26　生成相应的视频效果

5.2.5　时长设置：AI生成视频的长度控制

扫码看教学视频

【效果展示】在即梦AI中，通过预设视频生成时长，用户可以更好地规划创作时间，避免在视频生成过程中耗费过多时间，从而提升整体创作效率。

不同的社交媒体平台或应用场景对视频时长有不同的要求，设置视频生成时长可以帮助用户快速生成符合特定需求的视频内容。图5-27所示为设置“生成时长”为8秒后的视频效果。

图 5-27　效果展示

下面介绍具体的操作方法。

步骤 01 进入“视频生成”页面，❶切换至“文本生视频”选项卡；❷输入相应的提示词，如图5-28所示，用于指导AI生成特定的视频。

步骤 02 设置“生成时长”为8s，表示生成8秒的视频效果，如图5-29所示。单击“生成视频”按钮，即可生成相应的视频效果。

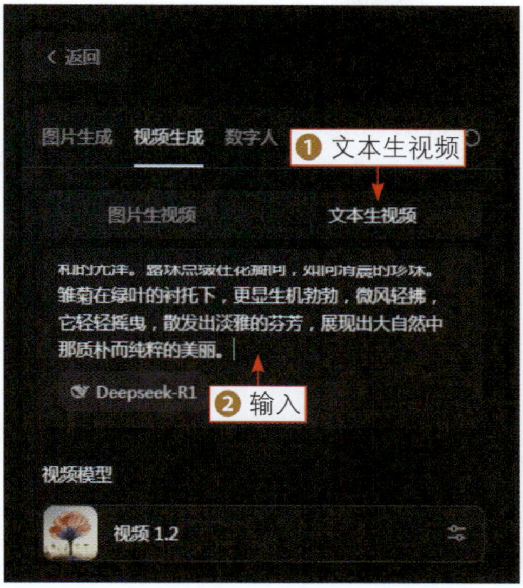

图 5-28　输入文本提示词

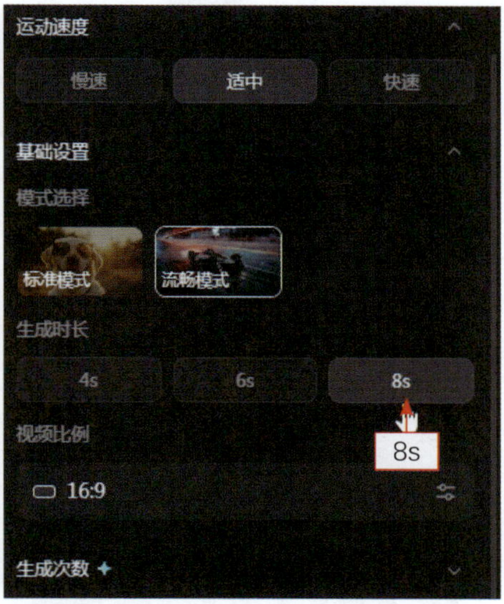

图 5-29　设置“生成时长”为 8s

5.2.6　对口型视频：AI语音与画面的完美同步

扫码看教学视频

【效果展示】生成对口型视频是即梦AI的一大亮点，该功能利用AI技术将音频与人物的口型完美同步，创造出既真实又具有吸引力的视频内容，效果如图5-30所示。

图 5-30　效果展示

下面介绍具体的操作方法。

步骤 01 进入“视频生成”页面，切换至“数字人”|“对口型”选项卡，

❶在“角色”操作区中单击“导入角色图片/视频”按钮，弹出相应列表；❷选择“从本地上传”选项，如图5-31所示。

步骤 02 弹出“打开”对话框，❶选择相应的图片素材；❷单击“打开”按钮，如图5-32所示。

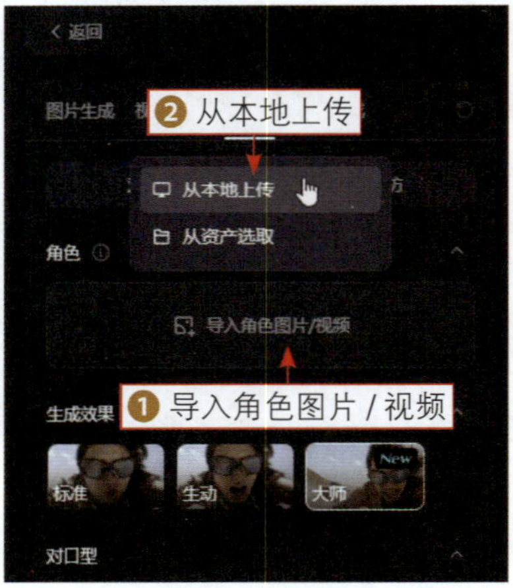

图 5-31　从本地导入角色图片 / 视频

图 5-32　上传图片

步骤 03 进入“对口型”页面，在“文本朗读”文本框中输入相应的文本内容，如图5-33所示。

步骤 04 在“朗读音色”选项区中，选择“温柔淑女”音色效果，如图5-34所示。

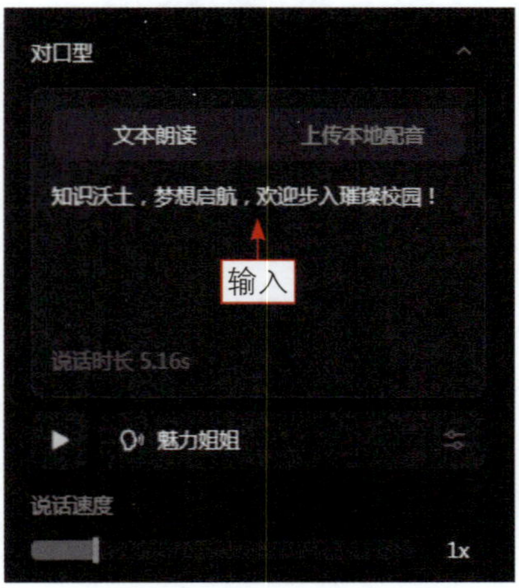

图 5-33　输入相应的文本内容

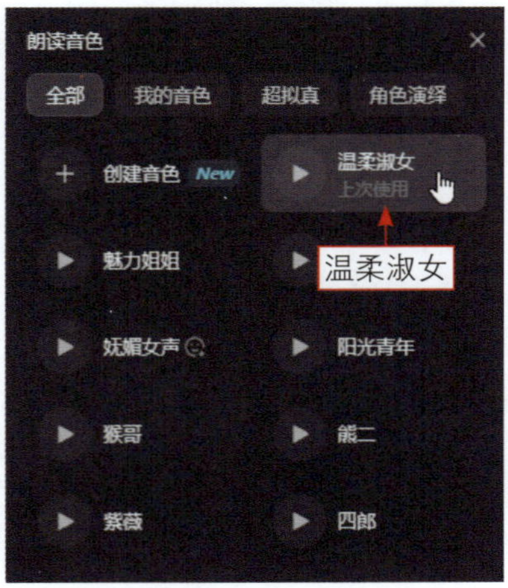

图 5-34　选择“温柔淑女”音色效果

步骤 05 在“生成效果”选项区中，❶选择“生动”效果；❷单击“生成视频”按钮，如图5-35所示，即可开始生成视频，并显示生成进度。

步骤 06 稍等片刻，即可生成相应的视频效果，将鼠标移至视频画面上，即可自动播放AI视频效果，如图5-36所示。

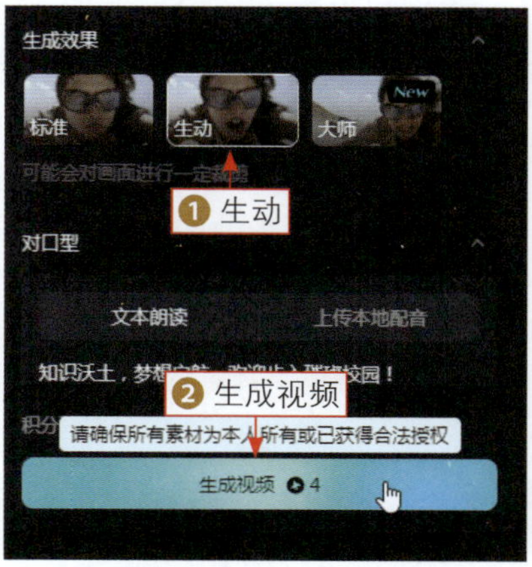

图 5-35　生成视频

图 5-36　自动播放 AI 视频效果

5.3　AI 图生视频：从静态到动态的视觉升级

AI图生视频技术让短视频编导能够将静态图片转化为动态画面，赋予内容更强的视觉冲击力。本节将介绍如何通过AI实现单图生成视频，快速完成动态化处理。同时，解析尾帧设计的关键作用，提升视频的叙事完整性，并介绍AI辅助画面重新编辑的技巧，优化视频质量，让短视频更加生动、富有表现力。

5.3.1　单图生成视频：快速实现动态化

扫码看教学视频

【效果展示】用户可以上传任何图片至即梦AI中，AI模型会根据图片的内容生成动态效果，生成的视频风格与原始图片一致，确保视觉上的连贯性，效果如图5-37所示。

图 5-37　效果展示

下面介绍具体的操作方法。

步骤 01 进入“视频生成”页面，在“图片生视频”选项卡中单击“上传图片”按钮，如图5-38所示。

步骤 02 执行操作后，弹出“打开”对话框，❶用户可根据需要选择相应的图片素材；❷单击“打开”按钮，如图5-39所示。

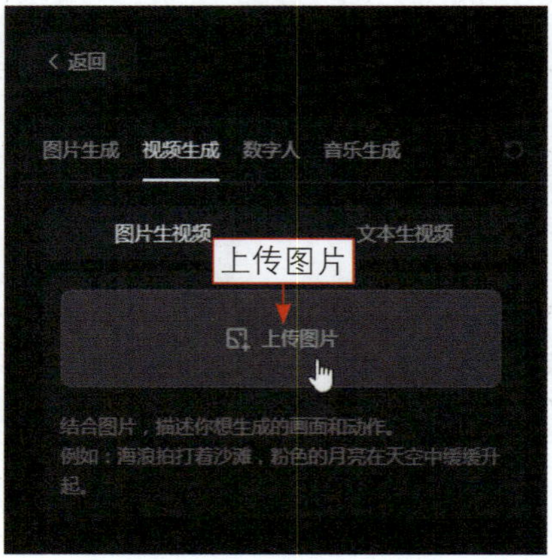

图 5-38　单击“上传图片”按钮

图 5-39　选择图片素材

步骤 03 执行操作后，即可将所选的图片素材上传至“视频生成”选项卡中，如图5-40所示。

步骤 04 单击“随机运镜”按钮，在弹出的“运镜控制”面板中，❶单击“变焦”右侧的按钮；❷单击“应用”按钮，如图5-41所示，使视频画面慢慢放大。

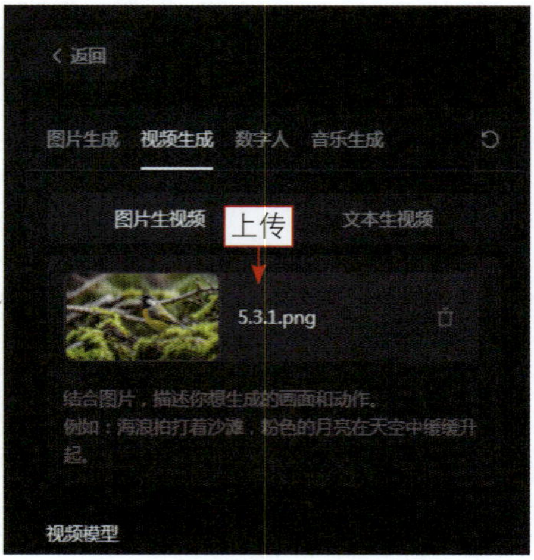

图 5-40　上传至“视频生成”选项卡中

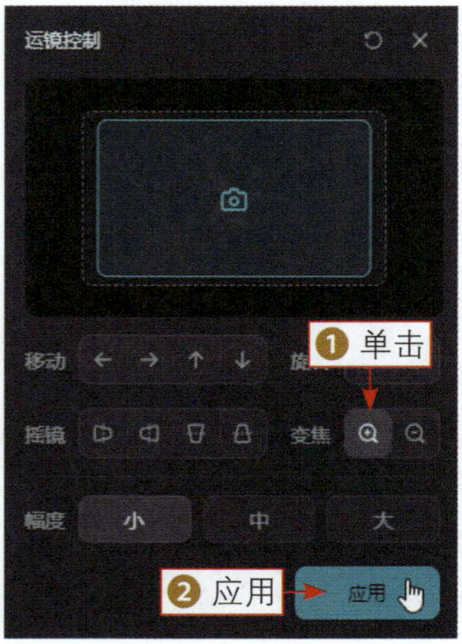

图 5-41　设置“运镜控制”

步骤 05 单击“生成视频”按钮后，AI开始解析图片内容，并根据图片内容生成动态效果，页面右侧会显示视频生成进度。视频生成后，显示的画面效果如图5-42所示，将鼠标移至视频画面上，即可自动播放AI视频。

图 5-42　视频的画面效果

5.3.2　尾帧设计：增强视频的叙事完整性

扫码看教学视频

【效果展示】在即梦AI平台中，使用首帧与尾帧生成视频是一种基于关键帧的动画技术，通常用于动画制作和视频生成中，这种方法允许用户定义视频的起始状态（首帧）和结束状态（尾帧），然后AI会在这两个关键帧之间自动生成中间帧，从而创造出流畅的视频效果，如图5-43所示。

图 5-43　效果展示

下面介绍具体的操作方法。

步骤 01 进入“视频生成”页面，在“图片生视频”选项卡中开启“使用尾帧”功能，如图5-44所示。

步骤 02 单击“上传首帧图片”按钮，弹出“打开”对话框，❶选择首帧图片素材；❷单击“打开”按钮，如图5-45所示。

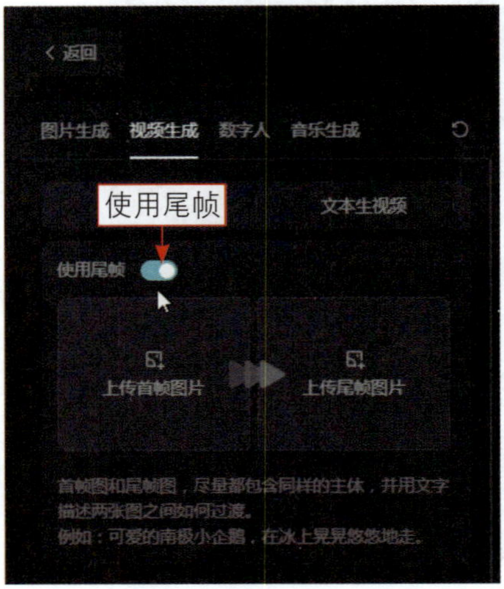

图 5-44　开启“使用尾帧”功能

图 5-45　选择首帧图片素材

步骤 03 执行操作后，即可上传首帧图片素材，如图5-46所示。

步骤 04 单击“上传尾帧图片”按钮，弹出“打开”对话框，❶选择尾帧图片素材；❷单击“打开”按钮，如图5-47所示。

图 5-46　上传首帧图片素材

图 5-47　选择尾帧图片素材

步骤 05 执行操作后，即可上传尾帧图片素材，如图5-48所示。

步骤 06 ❶设置“生成时长”为9s；❷单击“生成视频”按钮，如图5-49所示。

图 5-48　上传尾帧图片素材

图 5-49　生成视频

步骤 07 执行操作后稍等片刻，即梦AI即可通过首帧与尾帧生成相应的视频效果，如图5-50所示。将视频进行保存，即可完成视频的制作。

图 5-50　通过首帧与尾帧生成相应的视频效果

5.3.3 画面编辑：AI辅助视频优化与调整

扫码看教学视频

【效果展示】在即梦AI平台中，如果用户对生成的视频画面不满意，还可以通过“重新编辑”按钮对视频画面进行二次加工，修改提示词描述，或者重新设置运镜控制，使生成的视频效果更加符合用户要求，效果如图5-51所示。

图 5-51 效果展示

下面介绍具体的操作方法。

步骤 01 进入“视频生成”页面，❶在“图片生视频”选项卡中单击“上传图片”按钮，上传一张图片素材；❷设置“运镜控制”为“变焦推近・小”，设置视频的运镜方式；❸单击“生成视频”按钮，如图5-52所示。

图 5-52 上传图片、控制运镜并生成视频

步骤 02 执行操作后，AI开始解析图片内容，并根据图片内容生成动态效果，页面中会显示视频的生成进度，如图5-53所示。

步骤 03 视频生成完成后会显示视频的画面效果，将鼠标移至视频画面上，即可自动播放AI视频。如果用户对视频效果不满意，此时可以单击下方的“重新编辑”按钮，如图5-54所示。

图 5-53　显示视频生成进度

图 5-54　单击“重新编辑”按钮

步骤 04 在左侧的“图片生视频”选项卡中，为图片素材输入相应的提示词内容，如图5-55所示，使生成的视频效果更加符合用户的要求。

步骤 05 设置“运镜控制”为“变焦拉远・小”，使视频画面慢慢缩小，展示更多的背景和环境，如图5-56所示。

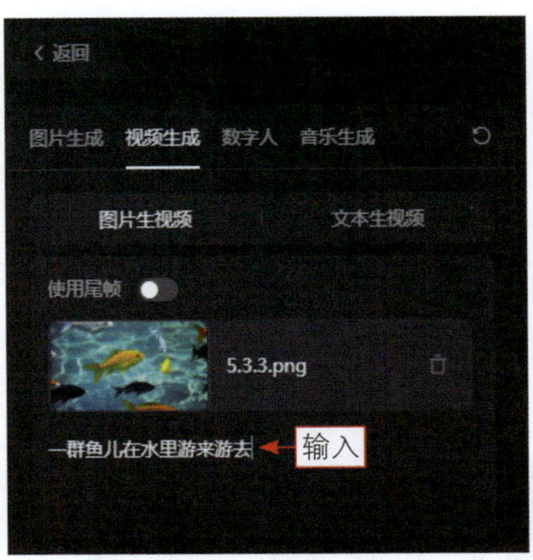

图 5-55　输入相应的提示词内容

图 5-56　设置“运镜控制”

步骤 06 单击“生成视频”按钮，此时AI开始解析图片内容与提示词描述，并根据图片与提示词内容重新生成动态的视频效果，如图5-57所示，将视频进行保存，即可完成视频的制作。

图 5-57　重新生成动态的视频效果

本章小结

本章首先介绍了AI视频创作从概念到实践的全过程包括核心概念、工具对比、视觉叙事表达技巧和即梦AI的功能。然后介绍了AI文生视频的创作技巧，包括运镜控制、运动速度等。最后介绍了AI图生视频的实现方法，包括单图生成视频、尾帧设计技巧等。通过这些内容，读者可以全面了解AI视频创作的各个方面。

课后实训

鉴于本章知识的重要性，为了帮助读者更好地掌握所学知识，本节将通过课后实训，帮助读者进行简单的知识回顾和补充。

扫码看教学视频

实训任务：在即梦AI中使用AI配乐。AI配乐功能是一项创新且实用的特性，可以通过智能算法为视频内容自动匹配合适的背景音乐。这一功能不仅简化了视频后期制作中音乐选择的烦琐过程，还能帮助创作者快速实现音乐与视频的和谐统一，从而提升作品的观赏性和专业感，效果如图5-58所示。

图 5-58　效果展示

下面介绍具体的操作方法。

步骤 01 输入相应的提示词，让AI生成一段风光短视频，在生成的视频效果下方，单击“AI配乐”按钮，如图5-59所示。

步骤 02 弹出“AI配乐”面板，系统默认选中“根据画面配乐”单选按钮，是指AI将根据画面内容自动配乐，单击“生成AI配乐”按钮，如图5-60所示。

图 5-59　单击“AI 配乐”按钮

图 5-60　单击“生成 AI 配乐”按钮

步骤 03 执行操作后，即可为视频生成3段背景音乐，视频下方显示了“配乐1”“配乐2”和“配乐3”选项卡，单击对应的选项卡，将鼠标移至画面上，即可试听视频的背景音乐，如图5-61所示。单击视频右上角的“下载”按钮，下载自己喜欢的视频即可。

图 5-61　试听视频的背景音乐

第6章

智能剪辑：

从基础到专业，打造视觉盛宴

剪辑，作为短视频创作的核心环节，决定着作品的节奏与感染力。本章将介绍剪映的核心功能与专业剪辑技巧，帮助创作者掌握顺叙、倒叙、快剪、慢剪等方法。同时，借助AI智能剪辑技术，实现高效制作与视觉优化，让短视频更具专业质感，打造引人入胜的视觉盛宴。

6.1　剪映基础全攻略：轻松上手，创意无限

剪辑是短视频创作的灵魂，而剪映以其强大功能和简洁操作，成为编导们的理想工具。本节将揭秘剪映的核心功能，深入讲解其工作界面的各种功能，帮助短视频编导快速上手，充分发挥创意，让每一条短视频都更具节奏感和视觉冲击力，实现专业级的内容呈现。

6.1.1　核心功能：剪映大揭秘

扫码看教学视频

剪映是一款强大的AI视频剪辑工具，它集成了多种智能技术，能够自动识别视频中的关键元素并对其进行优化处理。下面介绍剪映在短视频创作中的核心功能，如图6-1所示。

智能剪辑	剪映可以自动剪辑和裁剪视频，支持多种常见的视频比例和格式，帮助用户快速调整视频素材
AI 增强功能	剪映可以自动调色、画面修复、降噪、补帧等。通过这些功能，用户可以在不具备高级剪辑技能的情况下，轻松创作出高质量的视频
特效与转场	剪映内置了丰富的视觉特效与转场效果，用户可以轻松为视频添加炫酷的特效与转场，如慢动作、镜头切换、色彩调整等
AI 识别字幕	用户只需上传视频，剪映便能分析视频中的语音内容并转换为准确的文本，同时根据画面的节奏自动调整字幕显示的时间和位置
音频编辑	剪映不仅支持视频剪辑，还拥有强大的音频编辑功能，用户可以添加背景音乐并调整音量、音效和语音
一键生成内容	剪映提供了多种模板和一键生成功能，能帮助用户快速制作短视频和创意视频，降低创作的复杂性

图 6-1　剪映的核心功能

这些核心功能大大降低了视频创作的门槛，即使是初学者，也能轻松制作出具有专业水准的分镜视频作品。

☆ 专 家 提 醒 ☆

剪映是由字节跳动推出的一款强大的短视频编辑软件，被广泛应用于社交媒体视频制作、创作者内容制作等领域。它的易用性和丰富的功能使其成为广受欢迎的

编辑工具之一。剪映的主要优点包括简洁的界面、丰富的编辑工具以及强大的 AI 辅助功能，使用户能够在短时间内制作出高质量的视频内容。

6.1.2 深入剖析：剪映的工作界面

扫码看教学视频

剪映拥有简洁明了的界面设计和直观的操作方式，让用户能够轻松上手并快速掌握软件的使用方法。在剪映首页中，单击上方的“开始创作”按钮，即可进入剪映创作界面，这是编辑与剪辑视频的主要平台，其界面组成如图6-2所示。

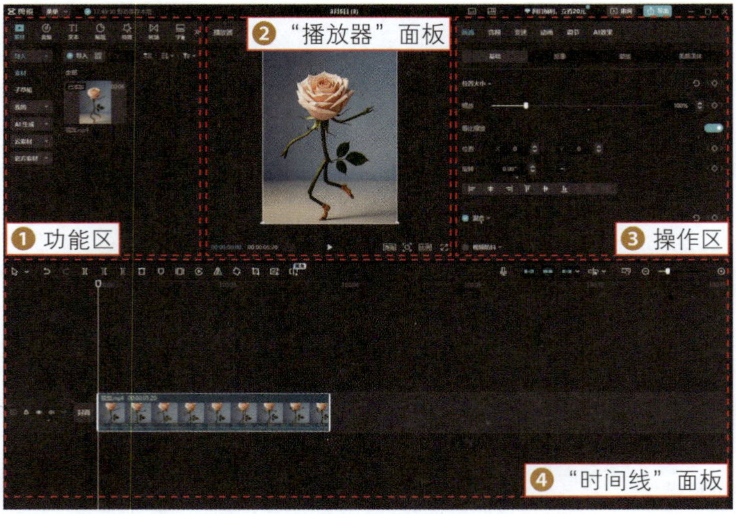

图 6-2　剪映创作界面

下面对剪映创作界面中的各部分进行相关讲解。

❶ 功能区：包括了剪映的素材、音频、文本、贴纸、特效、转场、字幕、智能包装、滤镜、调节、模板以及数字人等12大功能模块。

❷ “播放器”面板：显示了视频的时长，在面板中单击“播放”按钮▶，即可在预览窗口中播放视频效果；单击“比例”按钮，在弹出的列表框中选择相应的画布尺寸比例，可以调整视频的画面尺寸大小。

❸ 操作区：操作区中提供了画面、变速、动画、调节以及AI效果等调整功能，当用户选中轨道上的素材后，操作区就会显示出各种调整功能。

❹ “时间线”面板：提供了选择、撤销、恢复、分割、删除、添加标记、定格、倒放、镜像、旋转以及调整大小等常用剪辑功能，当用户将素材拖曳至该面板中时，会自动生成相应的轨道。

6.2　专业剪辑技巧：掌控节奏感，创作电影级作品

剪辑不仅是连接画面的技术，更是赋予短视频节奏与情感的艺术。本节将深入解析顺叙、倒叙、快速剪辑与慢节奏剪辑的运用技巧，帮助短视频编导精准掌控节奏感，增强叙事张力，让作品更具条理性、悬念感与沉浸感，打造电影级的观感体验。

6.2.1　顺叙剪辑：创造条理感

扫码看教学视频

【效果展示】顺叙剪辑是一种按照时间顺序对视频素材进行排列的视频剪辑方式，它能够有效提升叙事的条理感，使观众更直观地理解视频内容。为了确保剪辑后的画面既有节奏感，又能保持连贯性，合理运用变速、转场以及音频是关键。效果展示如图6-3所示。

图 6-3　效果展示

下面介绍顺叙剪辑的操作方法。

步骤 01 进入创作界面，在“素材”功能区中单击“导入”按钮，导入4段视频素材。全选视频素材，单击第1段视频素材右下角的“添加到轨道”按钮，如图6-4所示，即可将视频素材添加到视频轨道中。

步骤 02 选中第1段视频素材，在“变速”操作区的“常规变速”选项卡中，设置“变速”参数为1.50x，如图6-5所示，使视频播放速度变快。

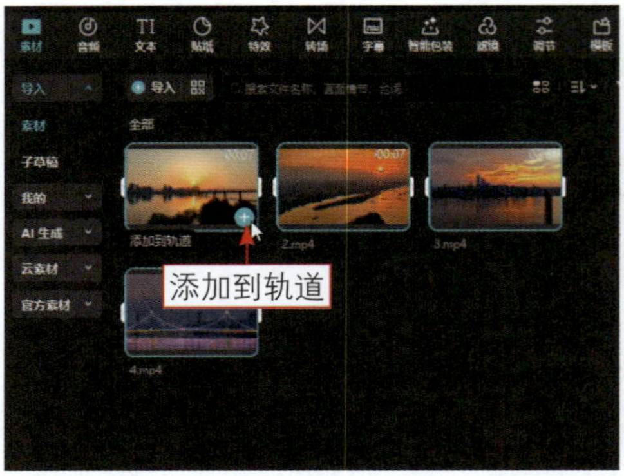

图 6-4　单击“添加到轨道”按钮

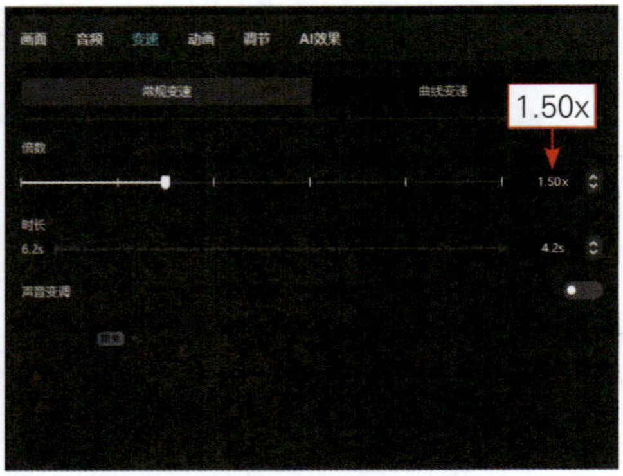

图 6-5　设置“变速”参数为 1.50x

步骤 03 选中第2段视频素材，在“变速”操作区的“常规变速”选项卡中，设置“变速”参数为1.70x，如图6-6所示，调整视频的播放速度。

步骤 04 ❶单击“转场”按钮，进入“转场”功能区；❷切换至“运镜”选项卡；❸单击“推近”转场右下角的按钮，如图6-7所示，即可添加转场。

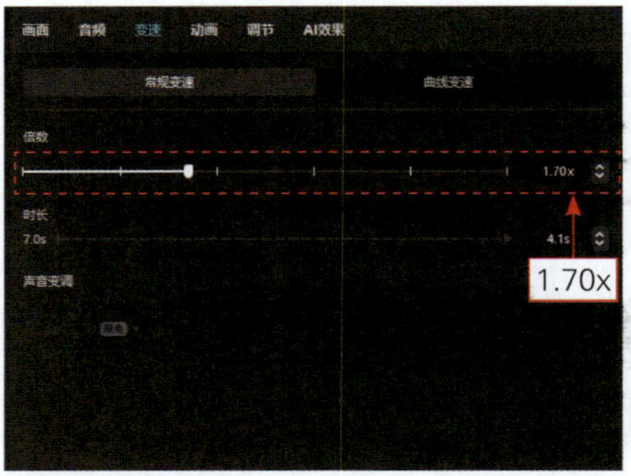

图 6-6　设置“变速”参数为 1.70x

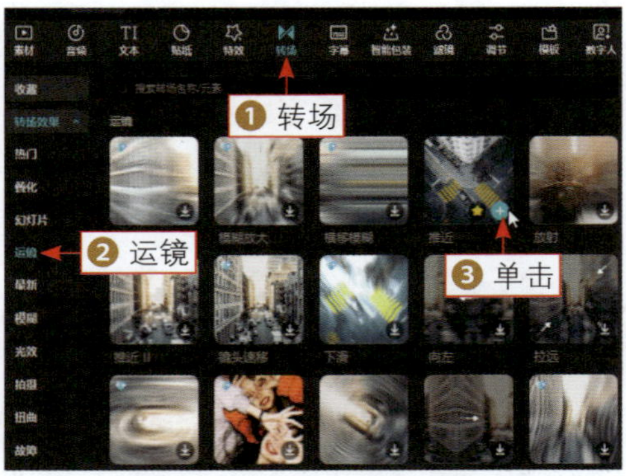

图 6-7　添加转场

步骤 05 在视频轨道中选择添加的“推近”转场效果，在“转场”操作区，❶设置“推近”转场的“时长”为2.0s，设置转场的持续时长；❷单击“应用全部”按钮，即可在其他片段中添加同样的转场效果，如图6-8所示。

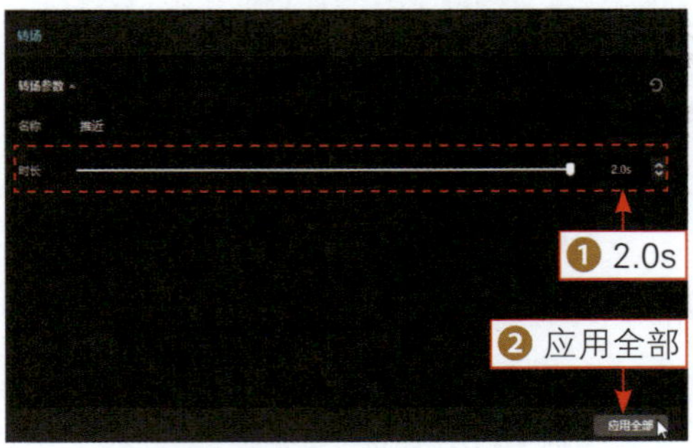

图 6-8　为其他视频添加转场

步骤 06 ❶单击“音频”按钮，展开“音乐库”面板；❷切换至“纯音乐”选项卡；❸单击相应音频右下角的“添加到轨道”按钮，如图6-9所示，即可添加背景音乐至轨道中。

步骤 07 ❶选中背景音乐素材；❷将时间轴拖曳至视频素材的末尾位置；❸单击“向右裁剪”按钮，如图6-10所示，即可删除多余的背景音乐。

图 6-9　添加音频至轨道

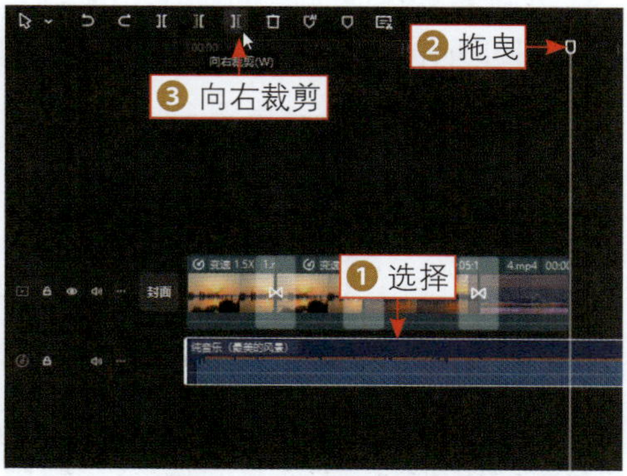

图 6-10　裁剪音频

6.2.2　倒叙剪辑：增强悬念感

扫码看教学视频

【效果展示】倒叙剪辑，前置精彩瞬间，打破常规顺序，增强视频悬念。非简单倒带，而是精选亮点开篇，吸引观众。下面的星空延时视频，即采用此法，璀璨画面前置，成功吸睛。效果展示如图6-11所示。

图 6-11　效果展示

下面介绍倒叙剪辑的操作方法。

步骤 01 进入创作界面，在“素材”功能区中单击“导入”按钮，导入2段视频素材和背景音乐。选中2段视频素材，单击第1段视频素材右下角的“添加到轨道”按钮，如图6-12所示，即可将视频素材添加到视频轨道中。

步骤 02 ❶拖曳时间轴至相应位置；❷单击“分割”按钮，如图6-13所示，即可分割视频，把精彩片段分割出来。

图 6-12　单击“添加到轨道”按钮

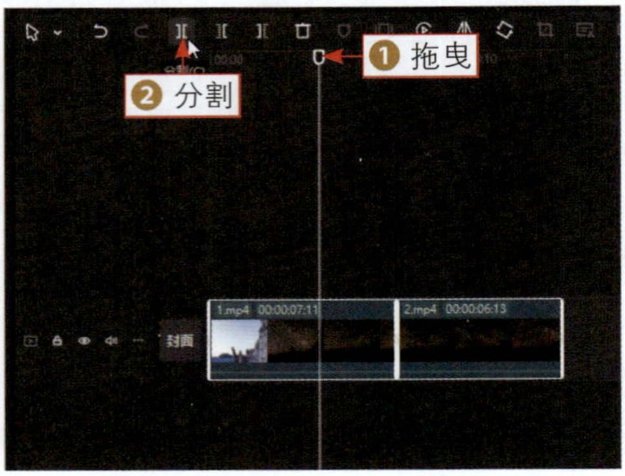

图 6-13　分割出精彩片段

步骤 03 选中分割出来的素材并拖曳至最起始的位置，如图6-14所示，然后再松开，把精彩片段移至视频的开头位置，进行倒叙剪辑。

步骤 04 ❶单击“特效”按钮，进入“特效”功能区；❷切换至“Bling”选项卡；❸单击“星河Ⅱ”特效右下角的按钮，如图6-15所示，添加特效并调整时长。

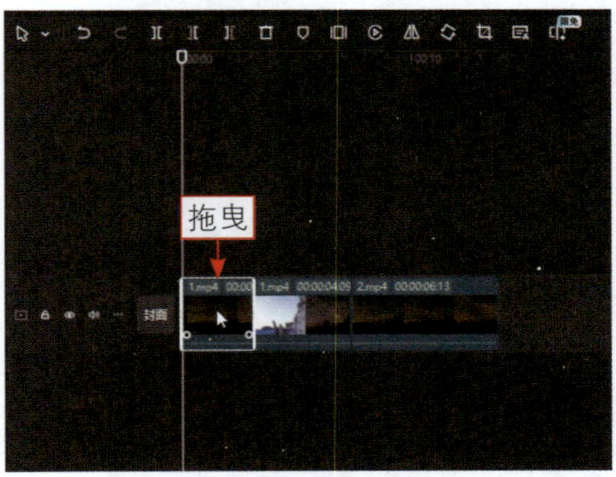

图 6-14　拖曳至第 1 段素材的位置

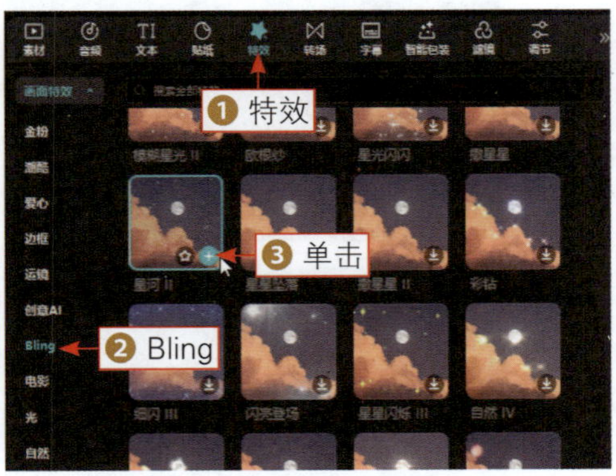

图 6-15　添加特效

步骤 05 ❶单击“文本”按钮，展开“文字模板”面板；❷切换至“手写字”选项卡；❸单击相应文字模板右下角的按钮，如图6-16所示，将文字模板添加至字幕轨道中。

步骤06 选中添加的文字模板，在“文本”操作区中，❶更改相应的文字；❷清除第4段文本内容，如图6-17所示。

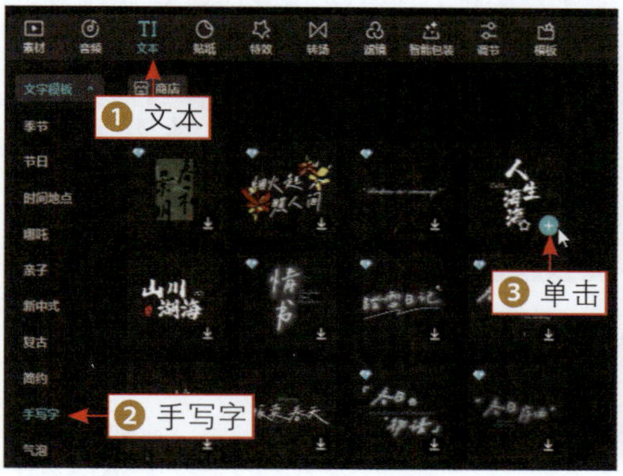

图 6-16　添加字幕

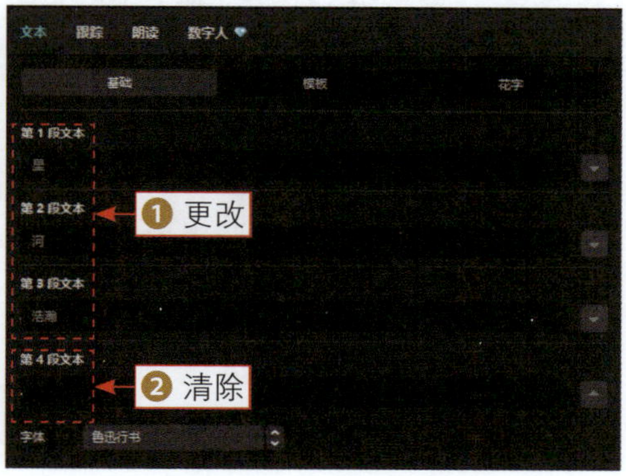

图 6-17　调整字幕

步骤07 在视频轨道中，调整文字模板的时长，使其与素材对齐，如图6-18所示。

步骤08 ❶单击“转场”按钮，进入“转场”功能区；❷切换至“叠化”选项卡；❸单击“闪黑”转场右下角的按钮，如图6-19所示，即可添加转场。

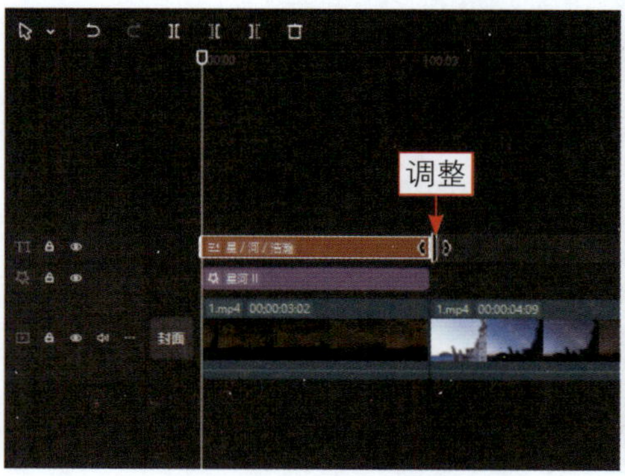

图 6-18　调整字幕时长

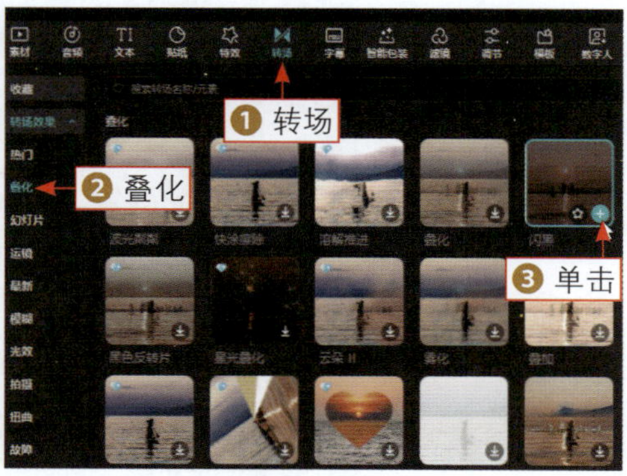

图 6-19　添加转场

步骤09 在“转场”操作区，❶设置“闪黑”转场的“时长”为0.7s，设置转场的持续时长；❷单击“应用全部”按钮，即可将转场效果应用到所有片段中，如图6-20所示。

步骤10 添加背景音乐并调整时长，使其与视频素材时长一致，如图6-21所示。

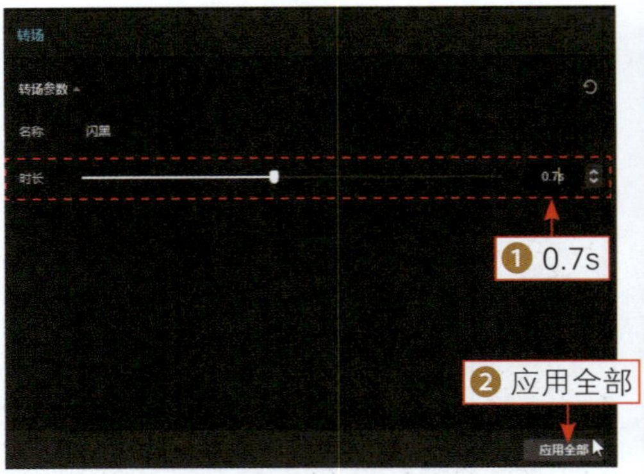

图 6-20　为其他视频添加转场

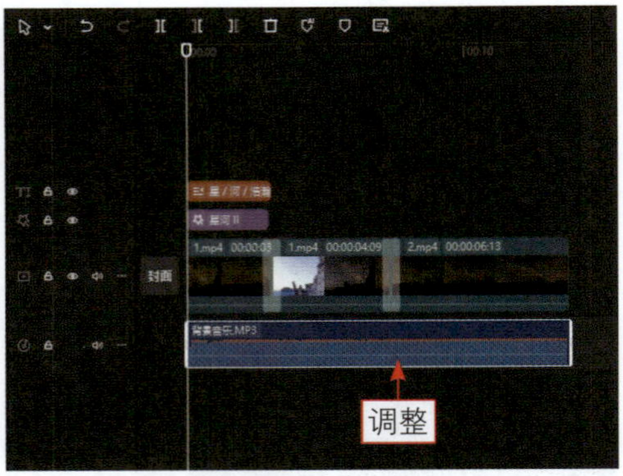

图 6-21　添加背景音乐并调整其时长

6.2.3　快速剪辑：激发节奏感

扫码看教学视频

【效果展示】快速剪辑，将延时摄影的精髓进一步升华，通过加速合成，几秒间尽显主体变迁。这种紧凑的节奏能捕捉到肉眼难见的瞬间，适用于城市风光、自然奇景视频创作等领域。效果展示如图6-22所示。

图 6-22　效果展示

下面介绍快速剪辑的操作方法。

步骤 01 进入创作界面，在“素材”功能区中单击“导入”按钮，导入一段视频素材，单击视频素材右下角的“添加到轨道”按钮，如图6-23所示。

步骤 02 执行操作后，即可将视频素材添加到视频轨道中，如图6-24所示。

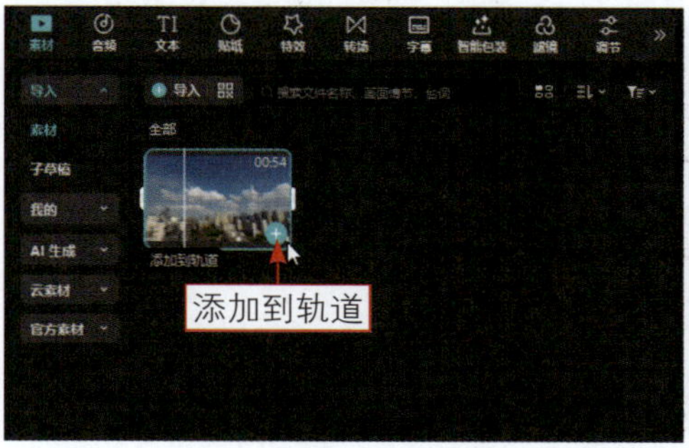

图 6-23　单击“添加到轨道”按钮

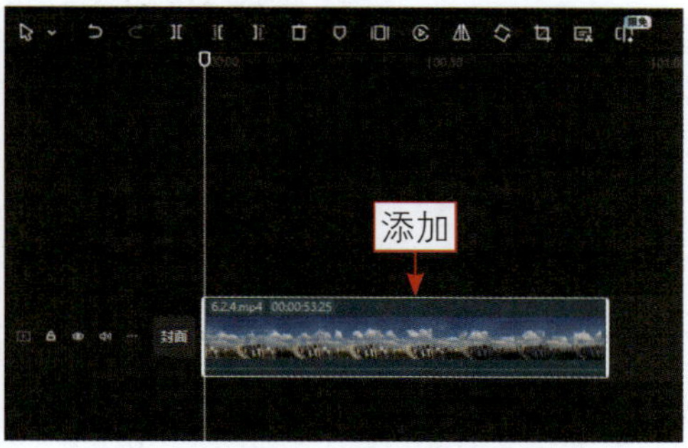

图 6-24　将视频素材添加到视频轨道中

步骤 03 选择视频素材，在“变速”操作区的“常规变速”选项卡中，设置“变速”参数为18.30x，如图6-25所示，加快视频的播放速度。

步骤 04 在音频轨道中添加相应的背景音乐，并调整音乐的时长，使其与视频素材一致，如图6-26所示。

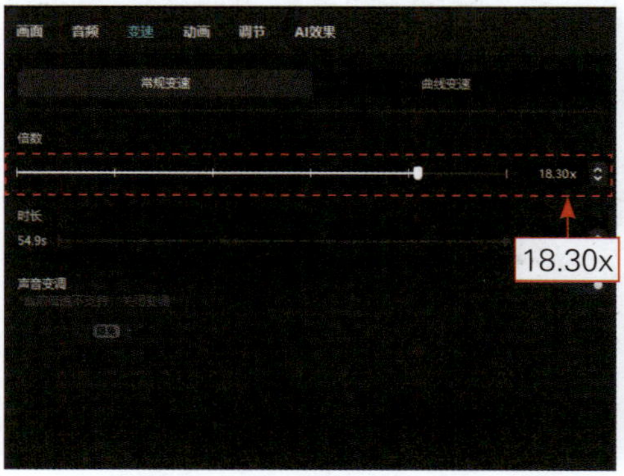

图 6-25　设置“变速”参数

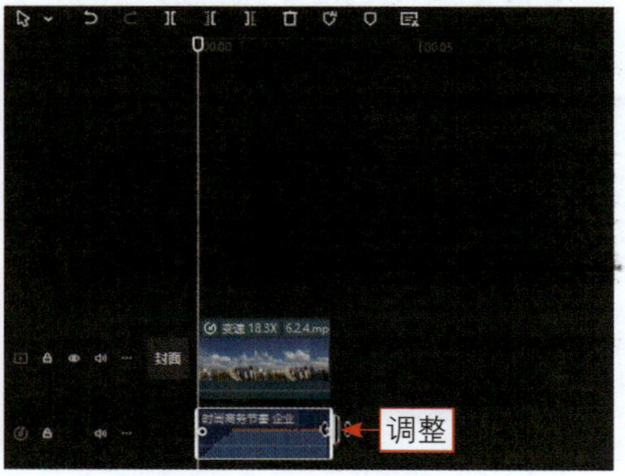

图 6-26　调整背景音乐的时长

6.2.4　慢节奏剪辑：营造沉浸感

扫码看教学视频

【效果展示】在视频创作中，节奏的快慢决定了观众的观看体验。慢节奏剪辑不仅仅是降低播放速度，更是一种艺术化的表达方式，它能够延长观众的思考时间，放大画面情绪，让观众更深层次地沉浸其中。无论是渲染细腻情感，还是展现某一瞬间的张力，合理掌控节奏都是关键。效果展示如图6-27所示。

图 6-27　效果展示

下面介绍慢节奏剪辑的操作方法。

步骤 01 进入创作界面，在“素材”功能区中单击“导入”按钮，导入一段视频素材，单击视频素材右下角的“添加到轨道”按钮，即可将视频素材添加到视频轨道中，如图6-28所示。

步骤 02 选择视频素材，在“变速”操作区的“常规变速”选项卡中，设置“变速”参数为0.79x，如图6-29所示，减慢视频的播放速度。最后添加音乐并调整时长与视频素材时长一致。

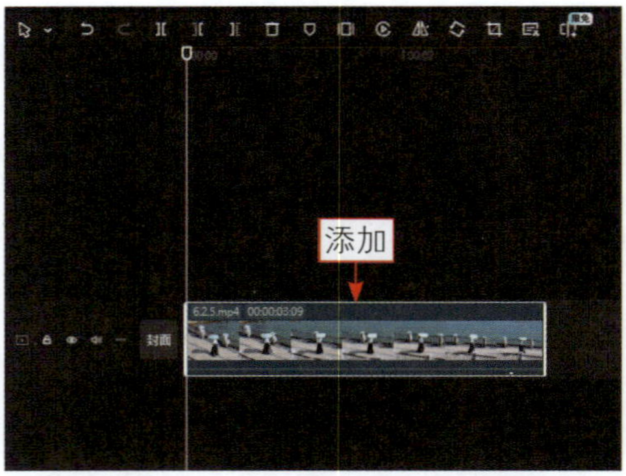

图 6-28　将视频素材添加到视频轨道中

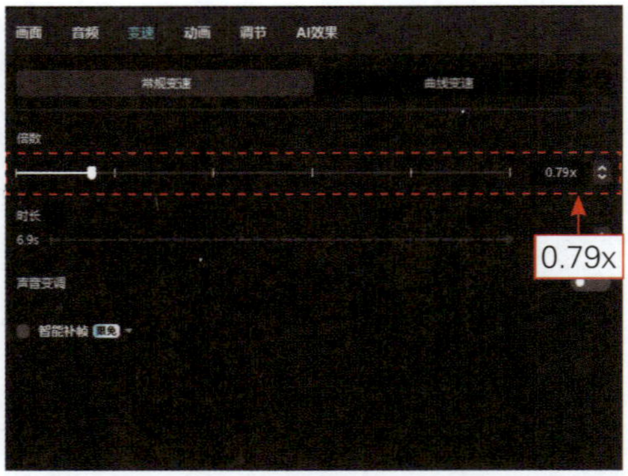

图 6-29　设置“变速”参数

6.3　智能后期剪辑：AI 高效制作，开启视觉盛宴

随着AI技术的进步，智能剪辑成为短视频创作的新趋势。本节将介绍剪映中的智能裁剪、补帧、降噪、人像美化以及抠像处理等功能，帮助短视频编导高效制作、提升画质以及视觉效果，让每一部作品在细节上更精致、流畅与生动，打造一场视觉盛宴。

6.3.1　智能裁剪：调整视频比例

扫码看教学视频

【效果展示】短视频的比例通常需要根据最终呈现的平台（如手机、电视、电影大屏等）进行调整。剪映提供了智能裁剪功能，可以根据视频内容的构图和目标输出格式自动进行裁剪，同时确保画面的重要内容始终处于镜头中心，原图与效果对比如图6-30所示。

图 6-30　效果展示

下面介绍智能裁剪的操作方法。

步骤 01 进入创作界面，在“素材”功能区中单击“导入”按钮，如图6-31所示。

步骤 02 弹出“请选择媒体资源”对话框，选择相应视频素材，如图6-32所示，单击“打开”按钮。

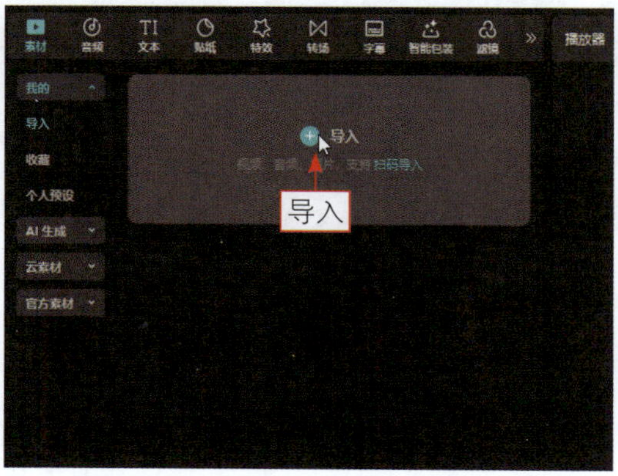

图 6-31　单击“导入”按钮

图 6-32　选择相应视频素材

步骤 03 执行操作后即可将视频导入“素材”功能区中，单击视频素材右下角的“添加到轨道”按钮，如图6-33所示。

步骤 04 执行操作后，即可将视频素材添加到视频轨道中，如图6-34所示。

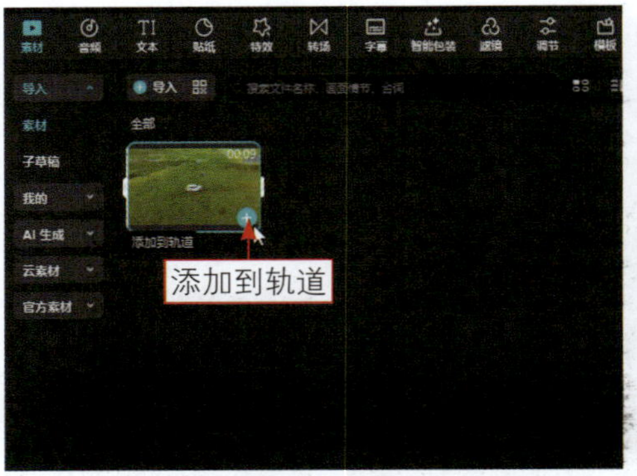

图 6-33　单击“添加到轨道”按钮

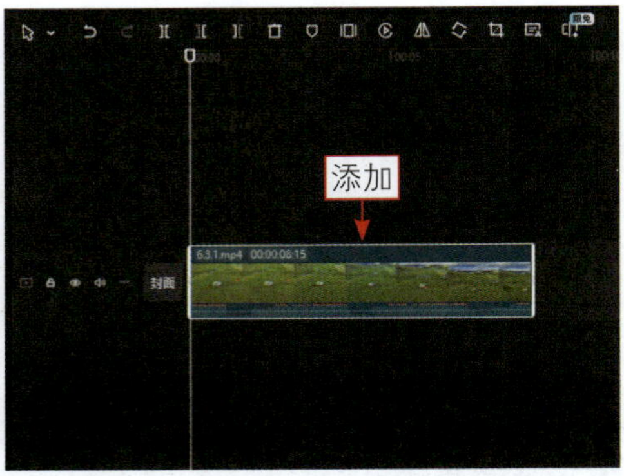

图 6-34　将视频素材添加到视频轨道中

步骤 05 ❶在“画面”操作区中选中“智能裁剪”复选框；❷在下方设置“目标比例”为9：16，该比例适合在抖音平台中进行播放，如图6-35所示，单击“应用效果”按钮。

步骤 06 执行操作后即可智能裁剪视频比例，在“播放器”面板中可以查看裁剪后的视频画面效果，如图6-36所示。

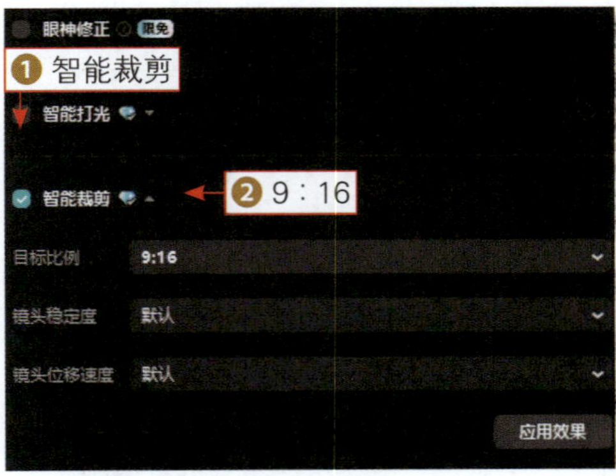

图 6-35　设置“目标比例”为 9 ： 16

图 6-36　查看裁剪后的视频画面

6.3.2　智能补帧：让动画流畅度倍增

扫码看教学视频

【效果展示】短视频的流畅度直接影响观众的观看体验，特别是在动作较为复杂的场景中。剪映的“智能补帧”功能能够自动为视频增加更多的关键帧，其主要作用是解决视频在特定情况下（如慢速播放）出现的卡顿问题，即通过智能算法在连续两帧之间计算出额外的帧，以增加视频的帧率，使视频播放更加流畅，效果如图6-37所示。

图 6-37　效果展示

下面介绍智能补帧的操作方法。

步骤01 进入创作界面，在“素材”功能区中单击“导入”按钮，导入一段视频素材，单击视频素材右下角的“添加到轨道”按钮，如图6-38所示。

步骤02 执行操作后，即可将视频素材添加到视频轨道中，如图6-39所示。

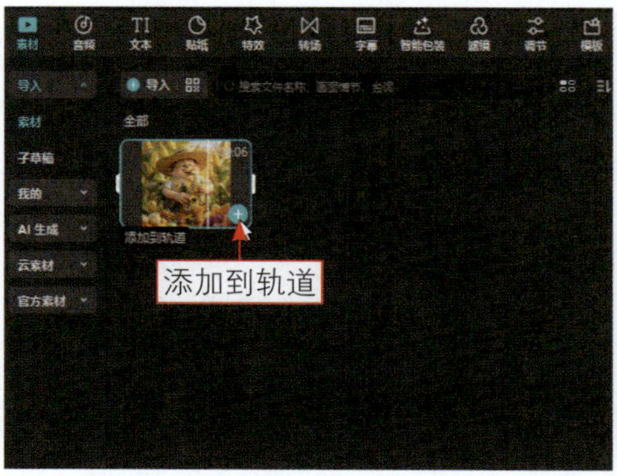

图 6-38　单击“添加到轨道”按钮

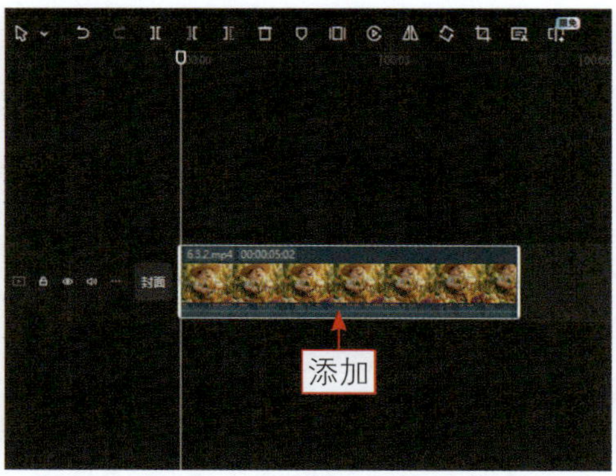

图 6-39　将视频素材添加到视频轨道中

步骤03 在“画面”操作区中，选中“AI补帧”复选框，如图6-40所示，开启“AI补帧”功能。

步骤04 在下方设置“帧率”为50，如图6-41所示，即可将视频的每秒帧数设置为50帧。

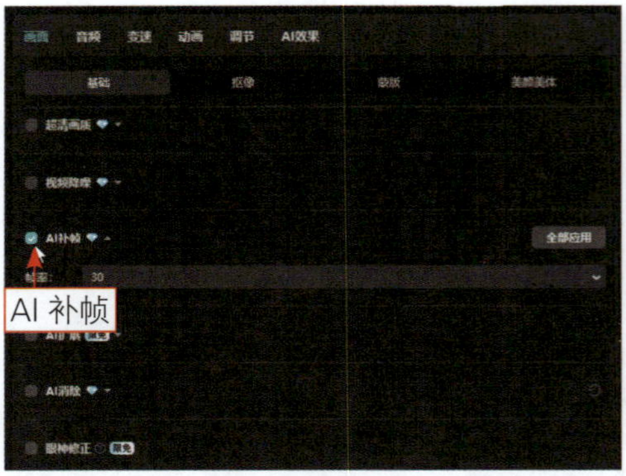

图 6-40　选中“AI 补帧”复选框

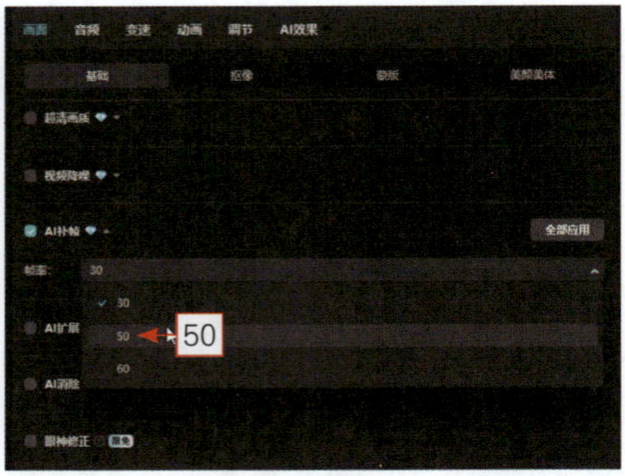

图 6-41　设置“帧率”为 50

单击“全部应用”按钮，剪映将根据动画片的内容自动为视频补充中间帧，使动画片播放起来更加流畅。

6.3.3　智能降噪：提升电影短视频画质

扫码看教学视频

【效果展示】在短视频制作中，画质的清晰度直接影响观众的观看体验。噪点问题常常困扰着创作者，尤其在低光环境下拍摄的视频中更为明显。智能降噪技术的应用，能够有效减少画面中的颗粒感和色彩杂讯，使视频画质更加细腻、纯净。通过合理调整降噪强度，创作者可以在保持画面细节的同时，显著提升影片的观感质量。效果如图6-42所示。

图 6-42　效果展示

下面介绍智能降噪的操作方法。

步骤 01 进入创作界面，在“素材”功能区中单击“导入”按钮，导入一段视频素材，单击视频素材右下角的“添加到轨道”按钮，如图6-43所示。

步骤 02 执行操作后，即可将视频素材添加到视频轨道中，如图6-44所示。

步骤 03 在“画面”操作区中选中“视频降噪”复选框，如图6-45所示，开启“视频降噪”功能。

图 6-43　单击“添加到轨道”按钮

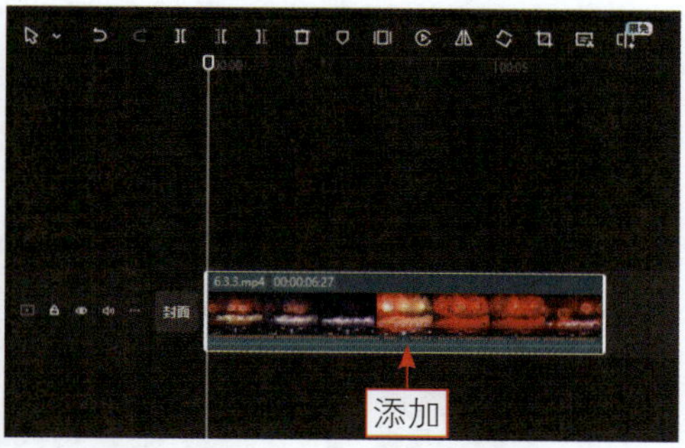

图 6-44　将视频素材添加到视频轨道中

步骤 04 ❶单击“强度”右侧的下拉按钮；❷在弹出的列表框中选择“强”选项，如图6-46所示，表示提高视频降噪的强度。稍等片刻，待剪映处理完成后，即可完成视频的降噪处理。

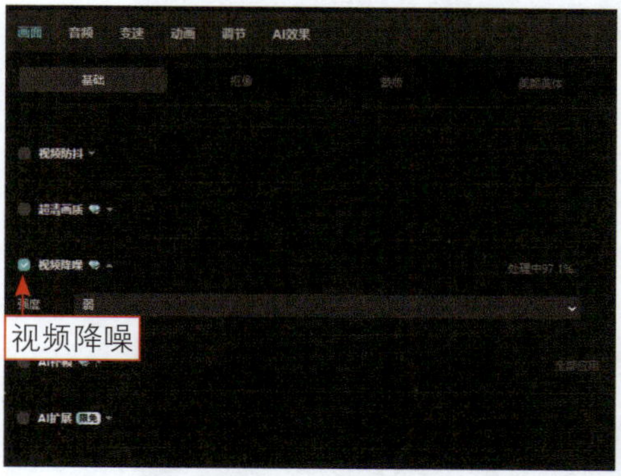

图 6-45　选中“视频降噪”复选框

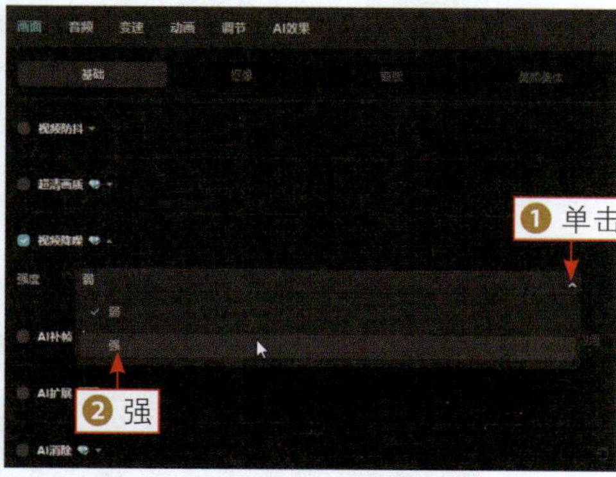

图 6-46　提高视频降噪的强度

6.3.4　智能人像美化：一键提升主角颜值

【效果展示】智能人像美化是一款美颜功能，使用这个功能可以快速为人物化妆，美化面容，原图与效果对比如图6-47所示。

扫码看教学视频

下面介绍智能人像美化的操作方法。

步骤 01 在“素材”功能区中导入一段视频素材，并添加到视频

图 6-47　效果展示

轨道中。选中视频素材，在“画面”操作区中，❶切换至“美颜美体”选项卡；❷选中“皮肤管理”复选框；❸设置“磨皮”参数为32、“美白”参数为16、“匀肤”参数为100、“丰盈”参数为89，如图6-48所示，美化肌肤细节效果。

图 6-48　设置“皮肤管理”的参数

步骤 02 在“美颜美体”选项卡中，❶选中“脸型”复选框；❷设置“小脸”参数为83、“瘦脸”参数为27、“下颌骨”参数为16、“V脸”参数为11，如图6-49所示，即可优化脸型与五官。

图 6-49　设置“脸型”的参数

6.3.5　智能抠像处理：轻松分离视频背景

扫码看教学视频

【效果展示】智能抠像是一项非常实用的视频剪辑功能，主要利用先进的算法和机器学习技术，自动识别视频目标元素（如人像），准确地将其与背景分离，从而实现背景替换、特效添加等高级剪辑效果，原图与效果对比如图6-50所示。

图 6-50　效果展示

下面介绍智能抠像的操作方法。

步骤 01 在“素材”功能区中导入背景视频和人物视频，单击背景视频右下角的“添加到轨道”按钮，如图6-51所示，将背景视频添加到视频轨道中。

步骤 02 将人物视频拖曳至画中画轨道中，如图6-52所示。

图 6-51　单击“添加到轨道”按钮

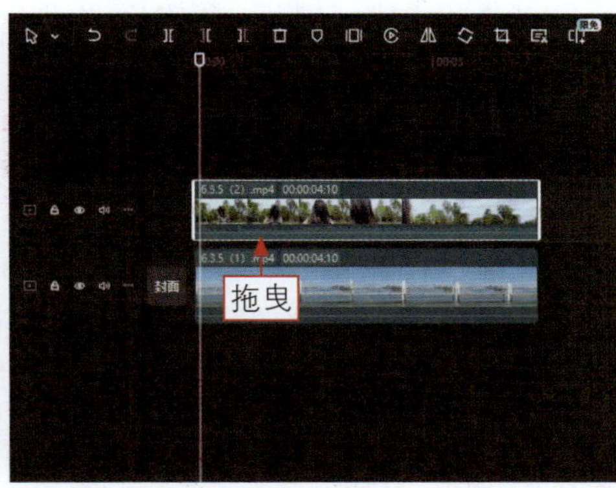

图 6-52　将人物视频拖曳至画中画轨道中

☆ 专家提醒 ☆

“智能抠像”功能能够快速且精准地识别视频中的目标元素，并将其与背景分离，大大提高了剪辑效率。需要用户注意的是，“智能抠像”功能的效果受到光线和背景的影响较大。在光线充足、背景简单的情况下，抠像效果通常更加准确。

步骤 03 在“画面”操作区中，❶切换至“抠像”选项卡；❷选中“智能抠像”复选框，如图6-53所示，对视频进行抠像处理。

步骤 04 执行操作后，即可将人物抠出来，更换背景，效果如图6-54所示。

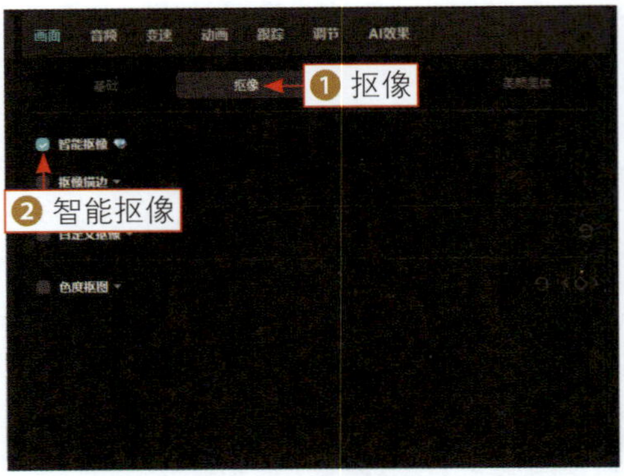

图 6-53　对视频进行抠像处理

图 6-54　为人像更换背景

6.4　智能视频剪辑：AI 精准匹配视频内容

在短视频创作中，AI智能剪辑为编导们带来了高效、精准的创作体验。本节将介绍剪映中的图文成片与模板剪辑功能，帮助短视频编导快速生成创意内容，轻松打造热门视频，让创作更加便捷与个性化，同时提升作品的吸引力和传播力。

6.4.1　图文成片：一键生成创意短视频

扫码看教学视频

【效果展示】剪映的“图文成片”功能可以实现文生视频的效果，用户输入或生成文案后，可以让AI自动生成一个视频框架，此时用户再导入自己的素材，即可创作出个性化的视频，如图6-55所示。

图 6-55　效果展示

下面介绍图文成片的操作方法。

步骤 01 进入剪映的“首页”界面，单击“图文成片”按钮，如图6-56所示。

步骤 02 进入“图文成片”界面，选择“自由编辑文案”选项，如图6-57所示。

图 6-56　单击“图文成片”按钮

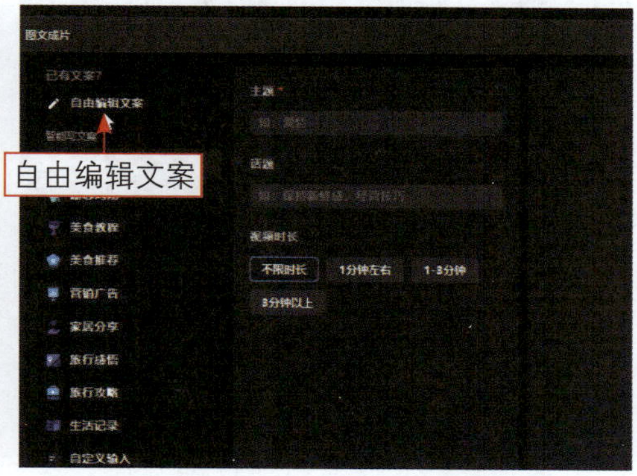

图 6-57　选择“自由编辑文案”选项

步骤 03 进入“自由编辑文案”界面，❶输入视频文案；❷单击界面右下角的“生成视频”按钮，如图6-58所示。

步骤 04 弹出“请选择成片方式”列表框，选择“使用本地素材”选项，如图6-59所示，即可根据文案生成一个视频框架。

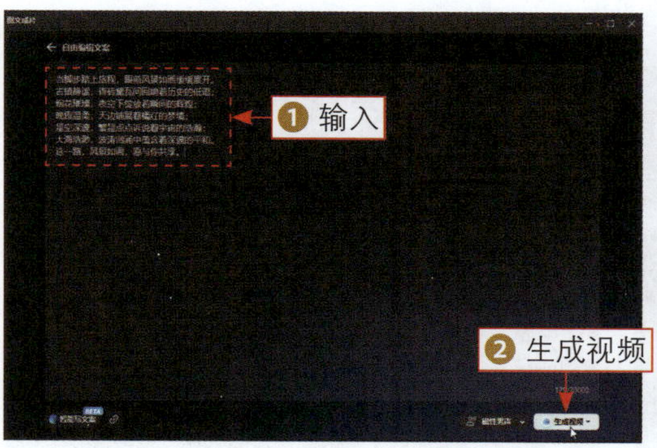

图 6-58　输入文案并生成视频

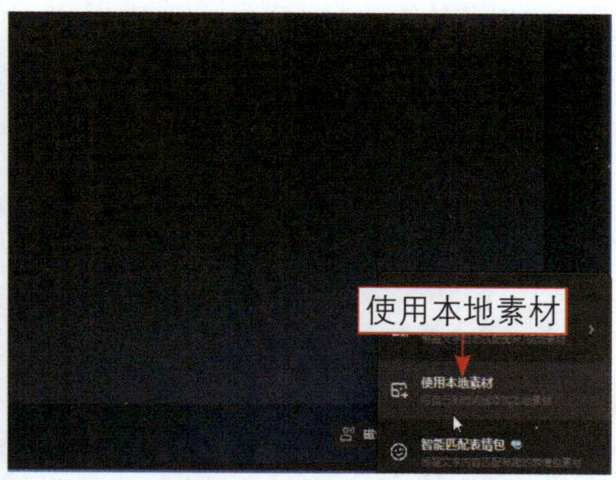

图 6-59　选择“使用本地素材”选项

步骤 05 生成结束后，进入视频编辑界面，会显示生成的字幕、朗读音频和背景音乐。选择第1段字幕，在“文本”操作区中，❶修改字幕内容；❷设置“字体”为“宋体”，更改字幕字体；❸设置“字号”参数为8，放大文字，如图6-60所示。

步骤 06 在“预设样式”选项区中，选择一个合适的样式，如图6-61所示，美化字幕效果。

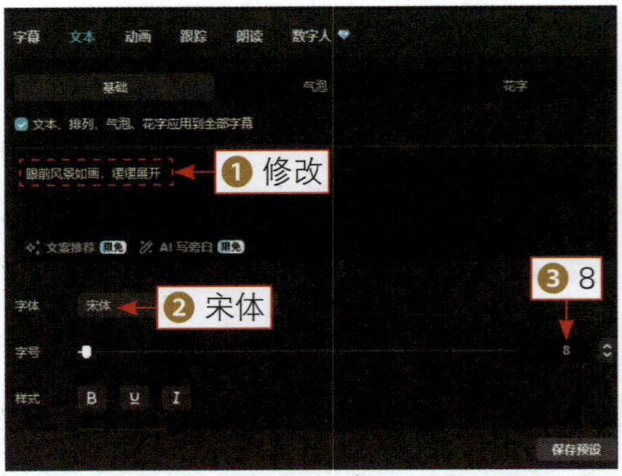

图 6-60　设置字幕

图 6-61　选择一个样式

步骤 07 用与上面同样的方法，适当调整其他字幕的内容，使语句连贯，如图6-62所示。

步骤 08 由于调整字幕内容后会自动更新朗读音频的内容和时长，因此字幕轨道和音频轨道可能会出现空白或重合的片段，用户可以选择拖曳字幕和朗读音频并调整它们的位置。在字幕轨道的起始位置单击“锁定轨道”按钮，如图6-63所示，可以将该轨道锁定，避免后续添加和调整视频素材时影响到字幕。用同样的方法，将朗读音频轨道也进行锁定。

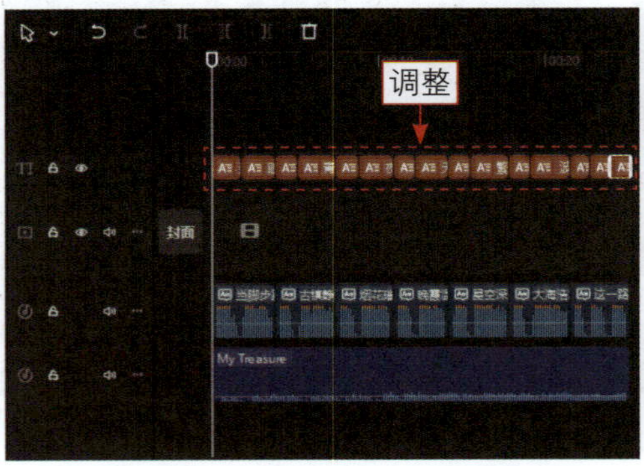

图 6-62　适当调整其他字幕的内容

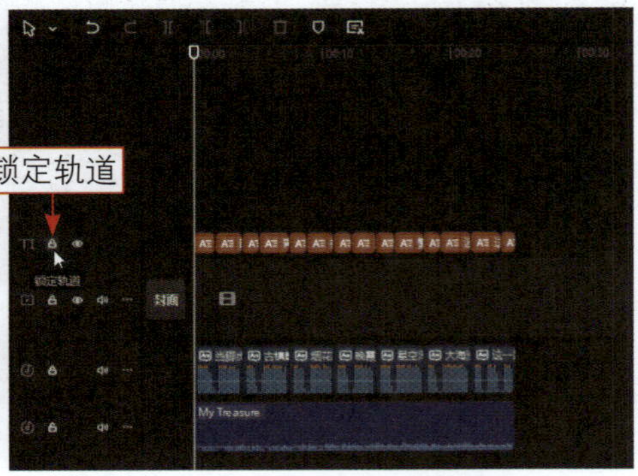

图 6-63　单击“锁定轨道”按钮

☆ 专 家 提 醒 ☆

使用“图文成片”功能生成视频时，生成的字幕和朗读音频处于联动状态，字幕内容的调整会影响朗读音频的内容和时长，同时朗读音频的时长又会影响字幕时长。

步骤 09 在“素材”功能区导入所有视频素材，❶全选所有素材；❷单击第1段素材右下角的“添加到轨道”按钮，如图6-64所示，即可将所有素材按顺序添加到视频轨道中。

步骤 10 根据字幕的时长，拖曳每段素材右侧的白色拉杆，调整它们的时长，如图6-65所示，使画面与字幕相对应。

图 6-64　将所有素材添加到轨道

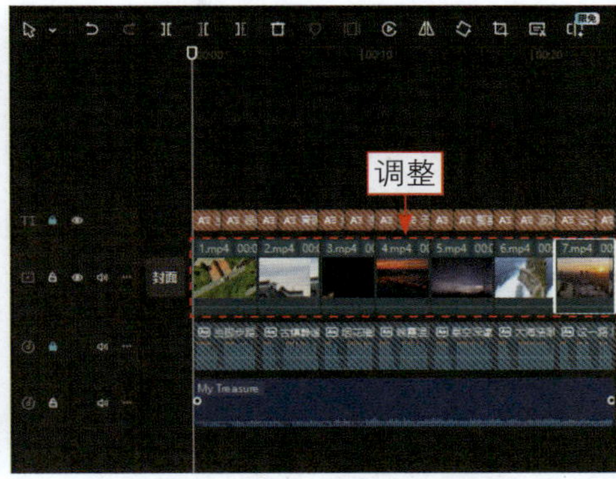

图 6-65　调整视频素材的时长

步骤 11 选中背景音乐，单击“删除”按钮，将其删除，❶切换至“音频”功能区；❷在“音乐库”选项卡的搜索栏中搜索需要的背景音乐；❸在搜索结果中单击相应音乐右下角的“添加到轨道”按钮，如图6-66所示，即可为视频添加新的背景音乐。

步骤 12 调整背景音乐的时长，使其与视频时长保持一致，在“基础”操作区中，设置“音量”参数为-10.0dB，如图6-67所示，降低背景音乐的音量，使朗读音频更明显，即可完成视频的制作。

图 6-66　为视频添加背景音乐

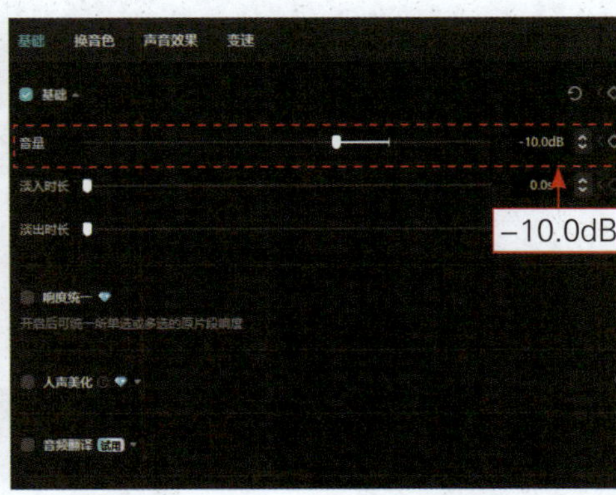

图 6-67　设置“音量”参数

6.4.2　模板化剪辑：快速打造热门短视频

扫码看教学视频

【效果展示】剪映提供了多种内置模板，用户可以通过选择不同的模板来一键生成热门故事类型的分镜视频，如爱情、悬疑、动作等。通过这种方式，创作者可以轻松实现故事结构的快速呈现，效果如图6-68所示。

图 6-68　效果展示

下面介绍模板化剪辑的操作方法。

步骤 01 在“模板”界面中，❶在顶部的搜索栏中输入模板关键词，按回车键即可进行搜索，在搜索结果中，将鼠标移至喜欢的模板上；❷单击模板下方的“使用模板”按钮，如图6-69所示，即可下载模板，并进入编辑界面。

图 6-69　搜索并选择模板

步骤 02 在“素材”功能区中单击“导入”按钮，如图6-70所示，弹出“请选择媒体资源”对话框。

步骤 03 ❶选择所有图片素材；❷单击“打开”按钮，如图6-71所示，即可将所有图片导入“素材”功能区中。

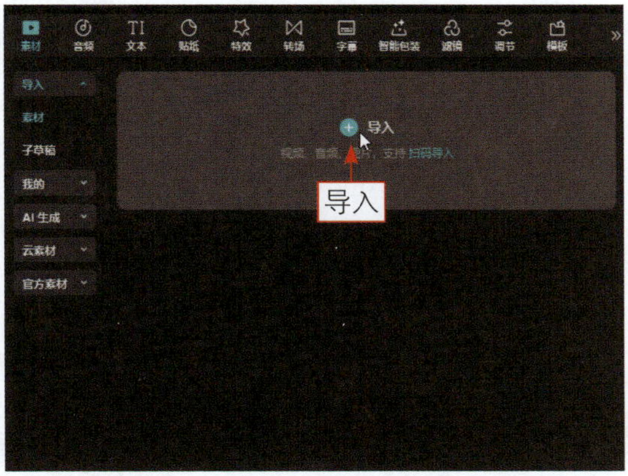

图 6-70　单击“导入”按钮

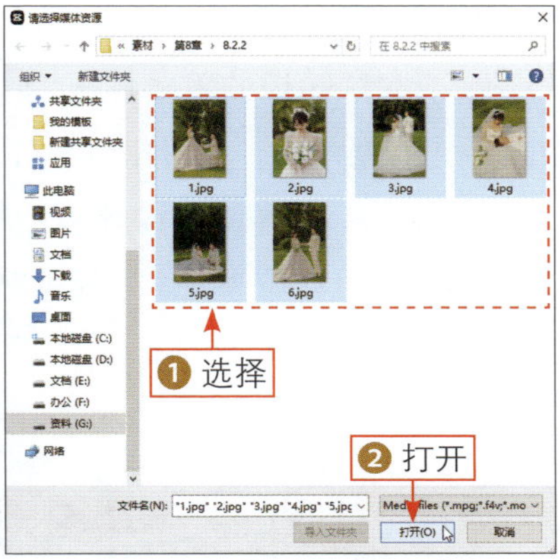

图 6-71　导入图片素材

步骤 04 选中第1张照片素材，按住鼠标左键将其拖曳至模板的第1个片段上，如图6-72所示。

步骤 05 释放鼠标左键，即可完成第1个片段的替换，用同样的方法，完成其他片段的替换，如图6-73所示，即可完成视频的制作。

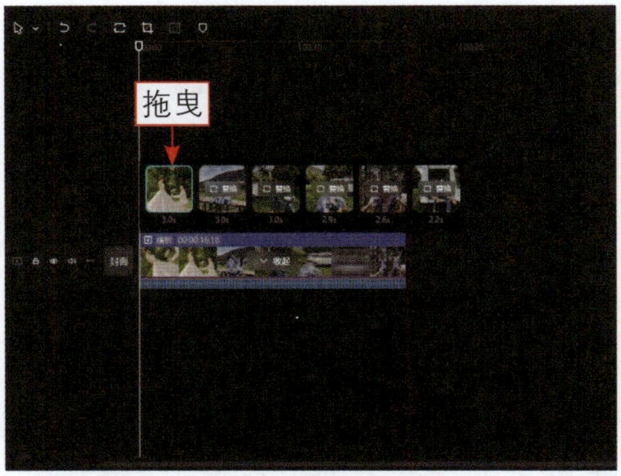

图 6-72　替换第 1 段素材

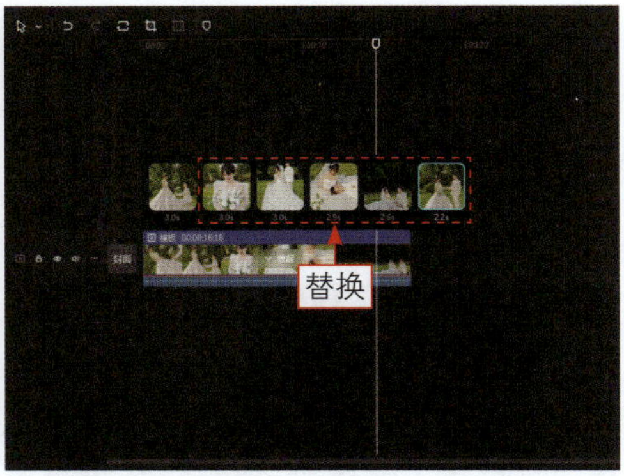

图 6-73　替换后面的 5 段素材

本章小结

本章主要介绍了智能剪辑的核心内容。首先介绍了剪映的基础功能与工作界面，帮助新手快速上手。随后介绍了顺叙、倒叙、快剪与慢剪等专业剪辑技巧，提升作品节奏感与叙事力。接着介绍了智能裁剪、补帧、降噪、人像美化、抠像处理等AI后期技术，提升剪辑效率。最后介绍了智能视频剪辑的自动化应用，让创作更加高效便捷。

课后实训

扫码看教学视频

鉴于本章知识的重要性，为了帮助读者更好地掌握所学知识，本节将通过课后实训，帮助读者进行简单的知识回顾和补充。

实训任务：剪辑一段环绕短视频，在开头和结尾的时候视频的播放速度比较慢，在中间的位置通过变速加快播放速度，使画面更有冲击感，效果展示如图6-74所示。

图 6-74　效果展示

下面介绍具体的操作方法。

步骤 01 进入创作界面，在“素材”功能区中单击“导入”按钮，导入一段视频素材，单击视频素材右下角的“添加到轨道”按钮，如图6-75所示。

步骤 02 将视频素材添加到视频轨道中，❶拖曳时间轴至相应位置；❷单击“分割”按钮，如图6-76所示，即可分割出开头的视频素材。

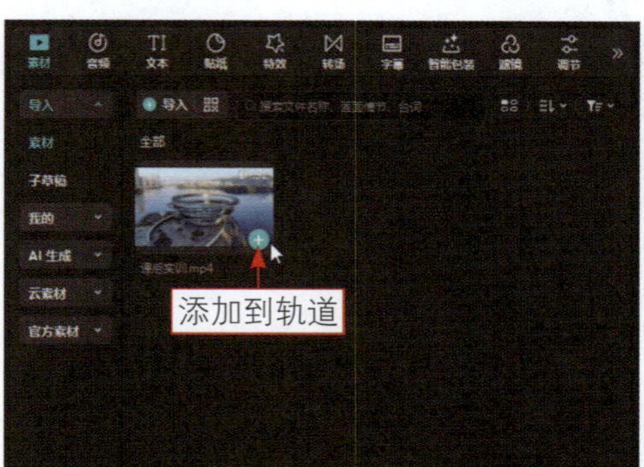

图 6-75　单击“添加到轨道”按钮

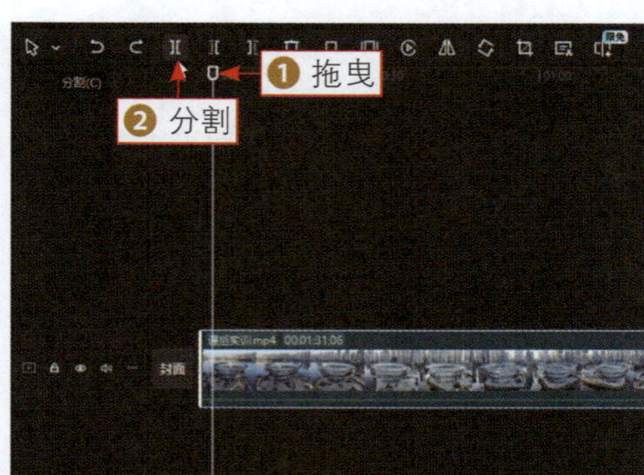

图 6-76　分割出开头的视频素材

步骤 03 用同样的方法，❶拖曳时间轴至相应位置；❷单击“分割”按钮 ▯，如图6-77所示，即可分割出结尾的视频素材。

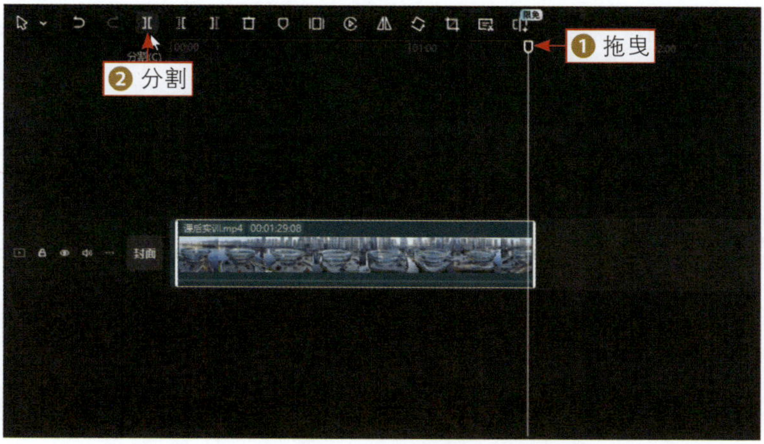

图 6-77　分割出结尾的视频素材

步骤 04 在视频轨道中选中分割后的第2段素材，在“变速”操作区中的“常规变速”选项卡，设置“变速”参数为100.00x，如图6-78所示，加快视频的播放速度，最后添加相应的背景音乐。

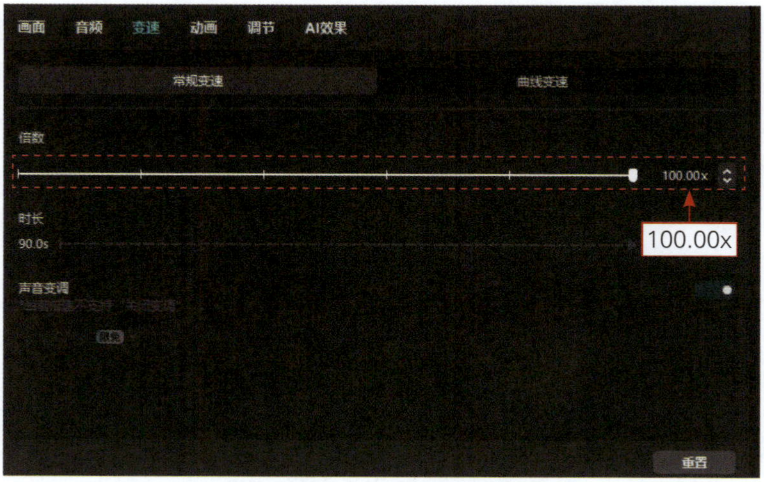

图 6-78　设置“变速”参数

第7章

音频剪辑：

AI 一键配音，让声音更出彩

在短视频创作中，音频剪辑不仅是技术的展现，更是艺术的雕琢。本章将引领读者深入音频剪辑的奇妙世界，从音频素材的灵感激发到成品输出的精细打磨，再到智能音频剪辑的专业技巧，让作品的表现力在每个环节都能得到深化。

7.1　音频素材创作：从灵感迸发到成品输出

在短视频创作中，音频素材不仅是技术的组成部分，更是情感与故事的载体。AI技术的崛起使得音频创作更加高效灵活，能够快速生成符合创意需求的音乐与音效。本节以海绵音乐、BGM猫和豆包为例，介绍用AI创作音频素材的5种方法。

7.1.1　灵感驱动：AI辅助创意音频生成

扫码看教学视频

【效果展示】在海绵音乐中，用户可以输入文字灵感（即指令），将用户对歌曲的所有要求告知AI，包括主题、风格、音色和时长等，从而让AI创作的歌曲更贴合需求，音乐视频效果如图7-1所示。

图 7-1　音乐视频效果

下面介绍具体的操作方法。

步骤 01 登录并进入海绵音乐的“精选”页面，在左侧的功能列表中单击“创作”按钮，如图7-2所示，即可进入“创作”页面。

步骤 02 在“灵感创作”选项卡中，❶输入包含歌曲主题、风格、音色和时长等信息的文字灵感；❷单击“生成音乐”按钮，如图7-3所示。

图 7-2　单击“创作”按钮

图 7-3　输入指令并生成音乐

☆ 专家提醒 ☆

海绵音乐的主要功能页面如图 7-4 所示，具体的使用方法大家可以通过案例来掌握，这里不再赘述。

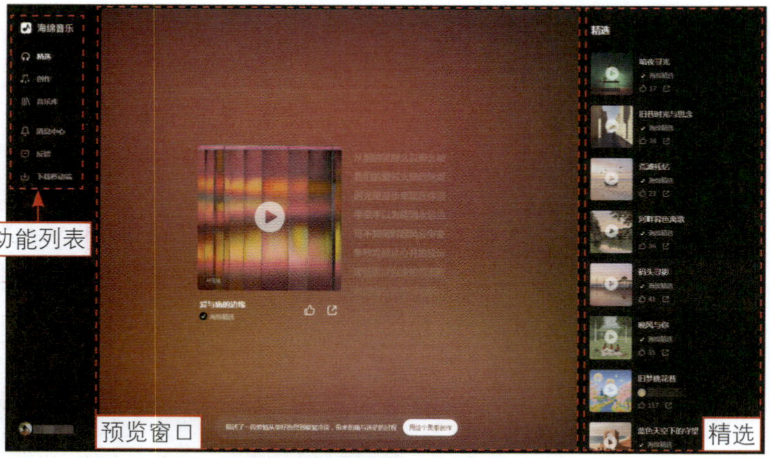

图 7-4 海绵音乐的主要功能页面

步骤 03 执行操作后，海绵音乐会根据文字灵感生成3首歌曲，用户可以依次选择歌曲进行试听，也可以将喜欢的音乐视频下载到本地文件夹中。以下载第3首歌曲为例，❶将鼠标移动至第3首歌曲右侧的按钮上；❷在弹出的面板中单击“下载视频”按钮，如图7-5所示，即可下载音乐视频。

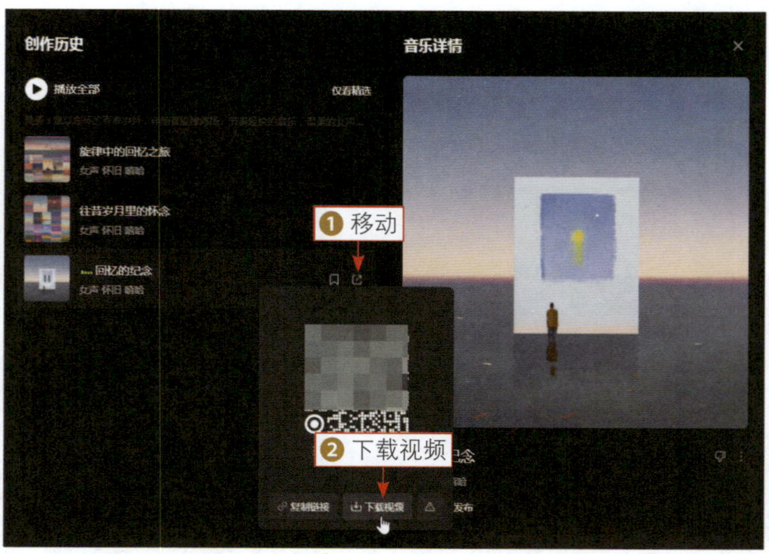

图 7-5 下载音乐视频

7.1.2　视觉与听觉融合：图片元素转音频技术

扫码看教学视频

【效果展示】用户在海绵音乐的“灵感创作”选项卡中，可以上传图片进行音乐创作。另外，用户上传图片后，也可以适当输入一些文本来描述自己的需求，从而避免AI生成的歌曲出现跑题的情况，音乐视频效果如图7-6所示。

下面介绍具体的操作方法。

步骤 01 在“创作”页面的“灵感创作”选项卡中，单击“上传图片”按钮，如图 7-7 所示。

步骤 02 弹出“打开”对话框，❶ 选择图片素材；❷ 单击“打开”按钮，如图 7-8 所示。

步骤 03 上传图片后返回“灵感创作”选项卡，❶在图片下方输入补充文本；❷单击“生成音乐”按钮，如图7-9所示，即可获得AI创作的3首歌曲。

图 7-6　音乐视频效果

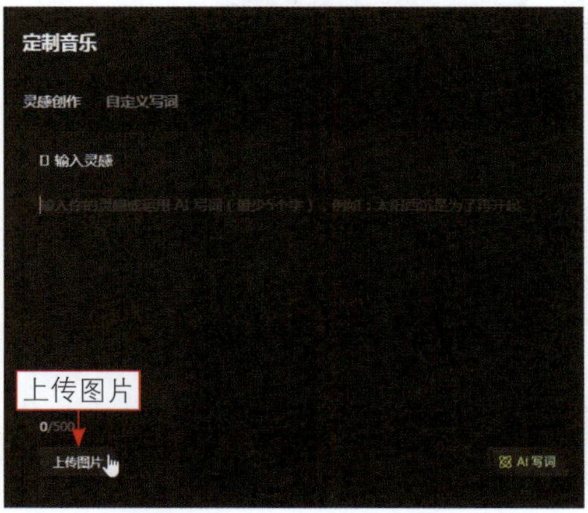

图 7-7　单击“上传图片”按钮

图 7-8　上传图片素材

步骤 04 ❶将鼠标移动至第1首歌曲右侧的按钮上；❷在弹出的面板中单击“下载视频”按钮，如图7-10所示，即可将喜欢的音乐视频下载到本地文件夹中。

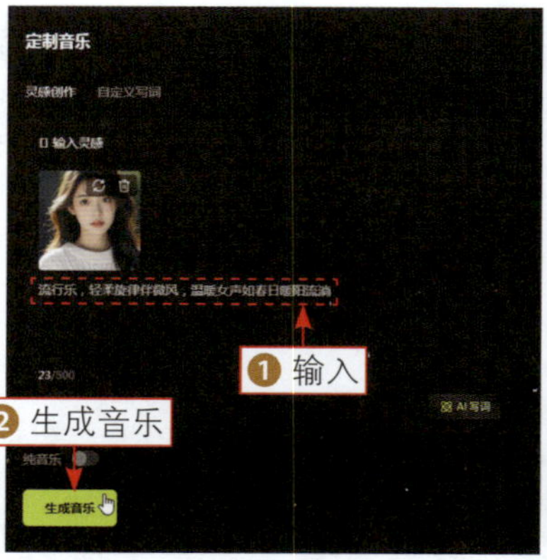

图 7-9　输入文本并生成音乐

图 7-10　下载音乐视频

7.1.3　歌词创作：AI赋能音乐化内容生产

扫码看教学视频

【效果展示】如果用户已经准备好了歌词，可以直接使用歌词进行音乐创作。此外，用户还可以通过设置曲风、心情和音色等参数来引导AI生成更符合自己需求的音乐作品，从而获得更高质量的创作成果。音乐视频效果如图7-11所示。

图 7-11　音乐视频效果

下面介绍具体的操作方法。

步骤 01 在“创作”页面中，❶切换至“自定义写词”选项卡；❷输入歌词；❸在“曲风”选项区中选择“流行”选项，如图7-12所示，设置歌曲的曲风。

步骤 02 ❶设置“心情”为“浪漫”、“音色”为“男声”、“特征”为“温暖”；❷单击“生成音乐”按钮，如图7-13所示，即可让AI根据歌词和参数创作3首歌曲。

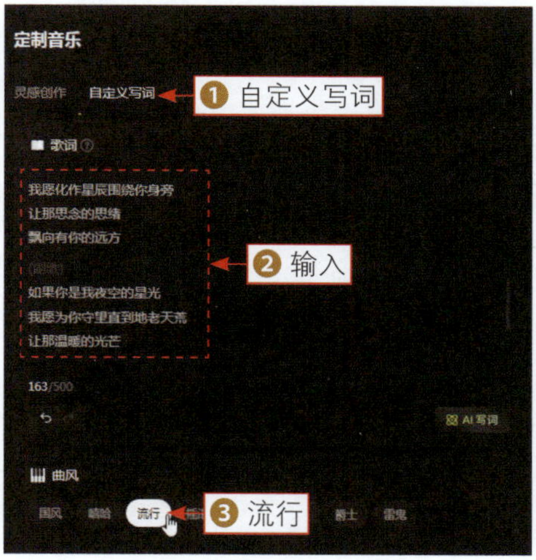

图 7-12　输入歌词并设置曲风

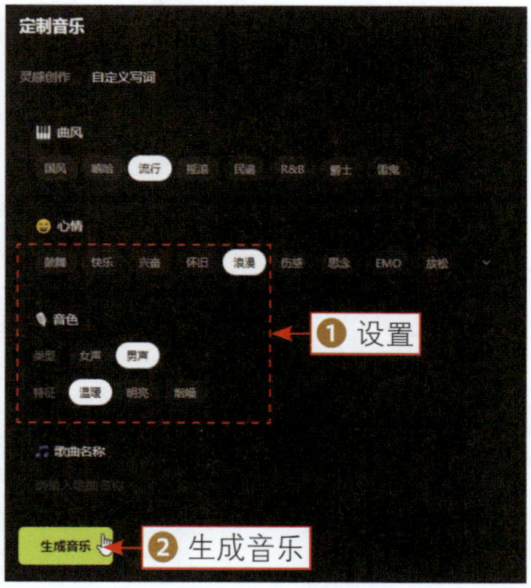

图 7-13　设置参数并生成音乐

步骤 03 ❶将鼠标移动至第3首歌曲右侧的按钮上；❷在弹出的面板中单击“下载视频”按钮，如图7-14所示，即可下载音乐视频。

如果用户不会写歌词，可以在“自定义写词”选项卡中，单击“AI写词”按钮，如图7-15所示，让AI根据用户的需求来生成歌词。当然，用户也可以借助AIGC文案工具，如豆包，完成歌词的创作。

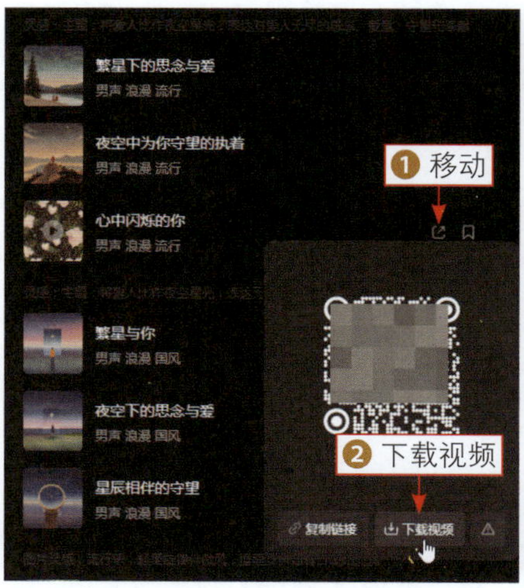

图 7-14　下载音乐视频

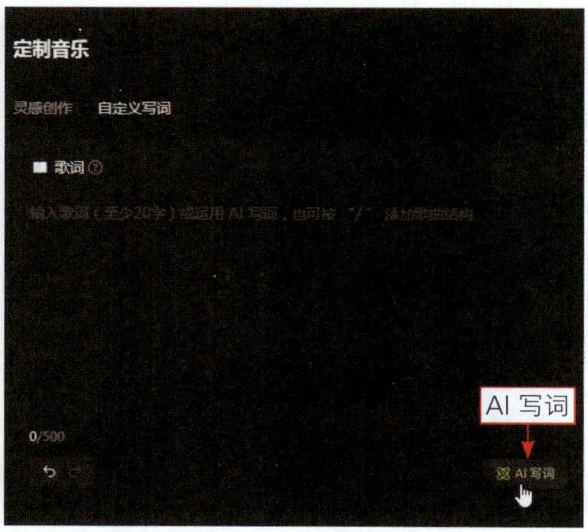

图 7-15　单击“AI 写词”按钮

7.1.4 智能标签：精准匹配音频与场景需求

扫码看教学视频

在BGM猫平台，用户可以选择合适的标签，来设置音乐的风格、应用场景和情感基调标签，这些标签将帮助AI系统更准确地理解用户的需求，从而快速创作出与之期望相匹配的纯音乐作品。下面介绍具体的操作方法。

步骤 01 登录并进入BGM猫首页，在“视频配乐”选项卡中，❶设置“输入时长”为0:50，让AI生成50秒的纯音乐；❷选中“选择标签”复选框，如图7-16所示，选择使用标签来创作音乐。

步骤 02 在“风格”选项卡中，选择“节奏感/卡点”标签，如图7-17所示，设置音乐风格。

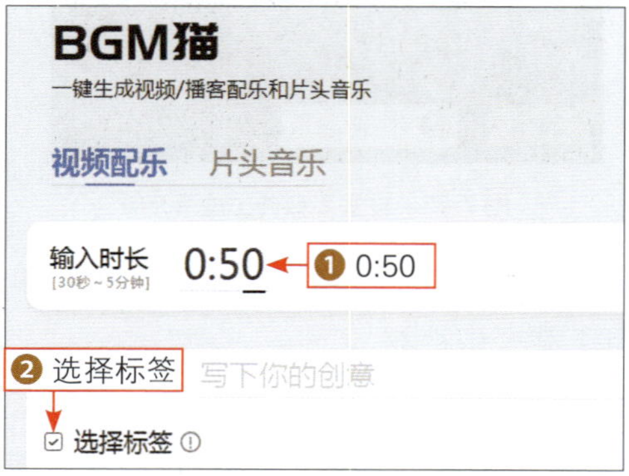

图 7-16　设置时长并选择标签

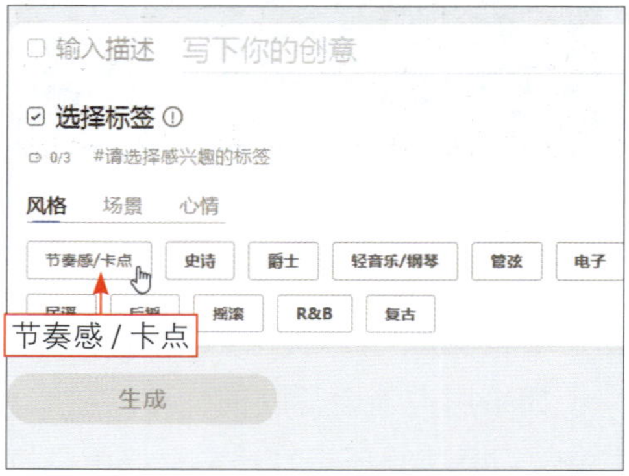

图 7-17　选择“节奏感 / 卡点”标签

☆ 专 家 提 醒 ☆

用户在进行音乐创作时，也可以不选中“选择标签”复选框，而是直接选择标签进行生成。

步骤 03 ❶切换至“场景”选项卡；❷选择vlog标签，如图7-18所示，即可设置音乐的应用场景。

步骤 04 ❶切换至“心情”选项卡；❷选择“欢快”标签，如图7-19所示，设置音乐的情感基调。

☆ 专 家 提 醒 ☆

如果用户想下载无水印的音乐，或者将音乐用在商业场景中，可以单击“成品下载”右侧的“会员订阅”或“单曲购买”按钮，了解成品音乐的下载方式。

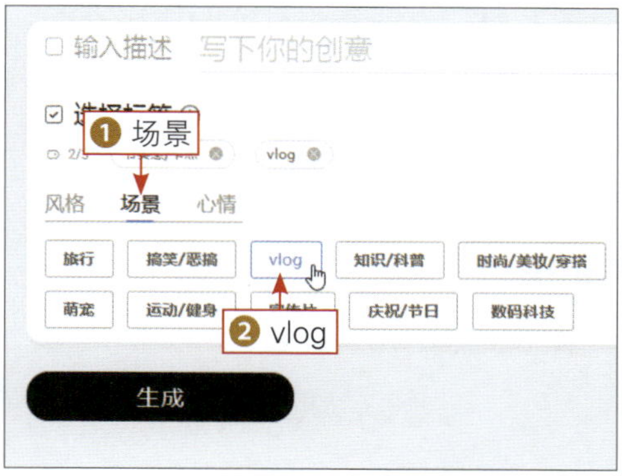

图 7-18　设置应用场景

图 7-19　设置情感基调

步骤 05 ❶单击"生成"按钮，即可让AI生成相应的纯音乐；❷单击▷按钮，如图7-20所示，即可试听歌曲。

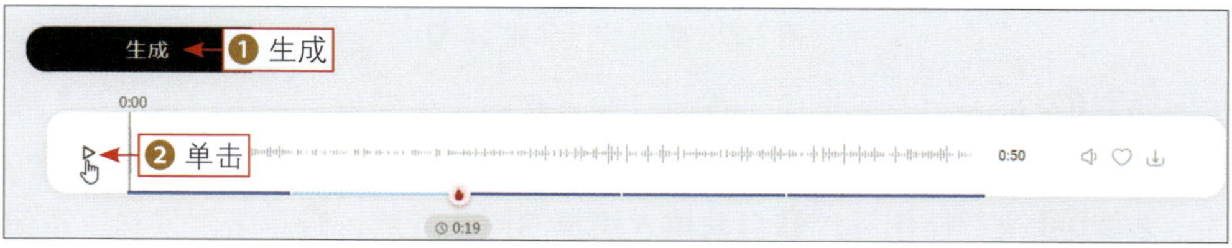

图 7-20　单击相应按钮

步骤 06 如果用户对歌曲觉得满意，❶在音乐的右侧单击⤓按钮；❷在弹出的面板中单击"试听下载"右侧的MP3按钮，如图7-21所示，即可下载MP3格式的音乐。

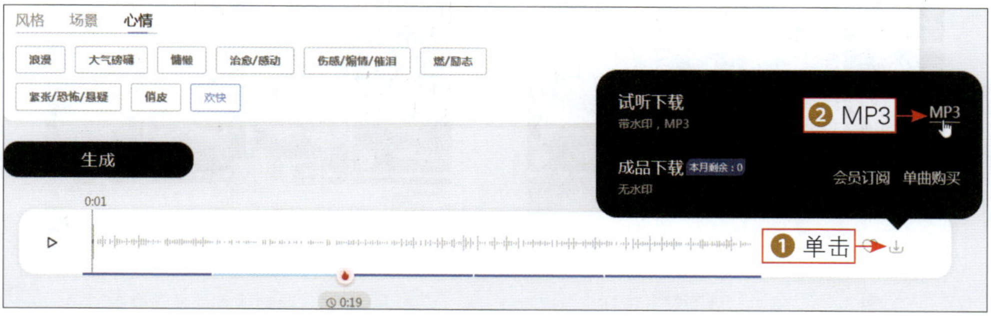

图 7-21　下载音乐

7.1.5　模板化制作：快速生成高质量音频素材

在豆包的"音乐生成"页面中有很多音乐创作模板，用户可以选

扫码看教学视频

择喜欢的模板，一键快速生成同款高质量音频素材。下面介绍具体的操作方法。

步骤 01 登录并进入豆包首页，单击“音乐生成”按钮，如图7-22所示。

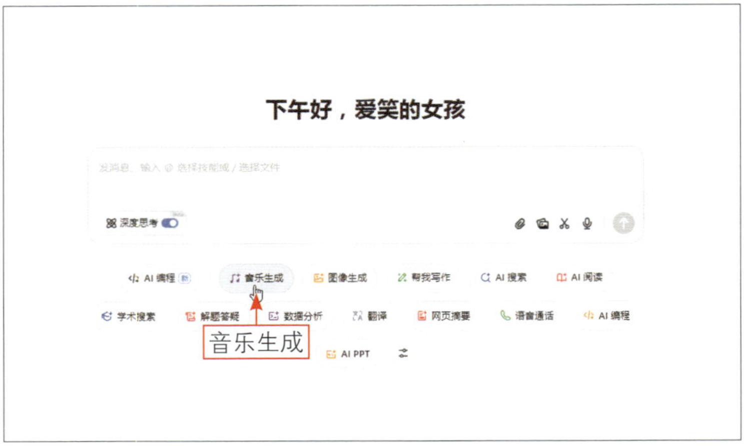

图 7-22　单击“音乐生成”按钮

步骤 02 进入“音乐生成”页面，在喜欢的音乐模板上单击“做同款”按钮，如图7-23所示。

步骤 03 执行操作后，❶自动填入模板的同款参数；❷单击“发送”按钮⬆，如图7-24所示，即可发送所有参数，让AI开始生成音乐。

图 7-23　单击“做同款”按钮

图 7-24　自动填入并发送参数

☆ 专家提醒 ☆

豆包在创作歌曲时，会生成歌曲封面和背景图，但是用户下载的歌曲视频中是没有封面和背景图的，如果用户有需求，可以自行对歌曲视频进行编辑和美化。

步骤 04 生成结束后，❶单击歌曲右上角的▶按钮，即可进行试听；❷单击歌曲左下角的⤓按钮，如图7-25所示，即可进行下载。

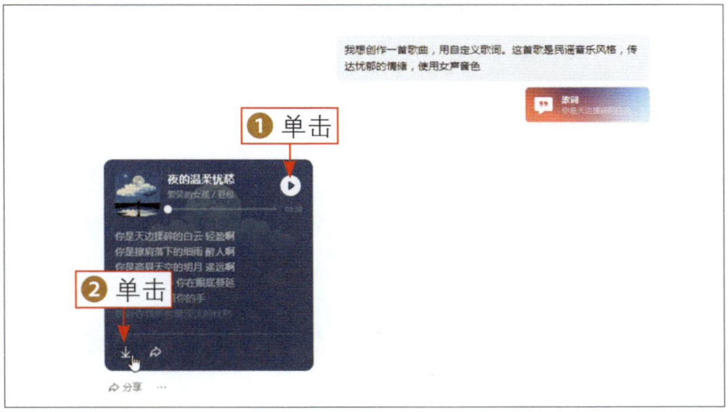

图 7-25　单击相应按钮

7.2　智能音频剪辑：打造专业级听觉体验

在短视频创作中，音频剪辑是不可或缺的一环，它直接关系到作品的听觉体验与专业水准。作为短视频编导，掌握智能音频剪辑技巧至关重要。本节将深入讲解如何通过智能音频剪辑技术，让观众在视听双重享受中沉浸于你的短视频作品。

7.2.1　真人配音优化：降噪与音质提升技巧

扫码看教学视频

使用讯飞配音的“真人配音”功能，可以实现将创作者提供的文字转换成真人的配音录音，丰富了短视频内容的形式。创作者可以在讯飞智作官网首页，❶单击“讯飞配音”标签；❷在弹出的列表框中选择“真人配音”|“立即制作”选项，即可进入真人配音制作页面，如图7-26所示。

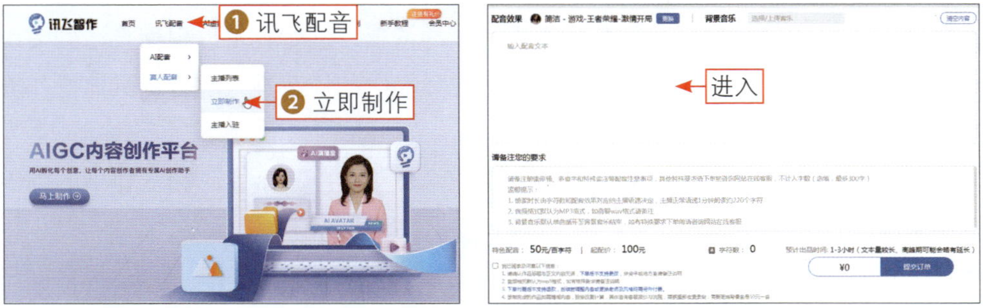

图 7-26　进入真人配音制作页面

进入真人配音制作页面后，创作者可以输入需要进行配音的短视频文本内容，单击页面上方“配音效果”右侧的“更换”按钮，弹出“选择配音效果”对话框，如图7-27所示，创作者可以在其中更换一个适合的配音演员。

图 7-27　弹出“选择配音效果”对话框

当创作者成功提交订单并完成支付后，系统会根据用户选的专业配音效果自动进行配音，将文本内容转换成符合要求的音频内容。配音完成后，创作者就可以进行预览和编辑，确保完全符合预期效果。最后，创作者可以导出音频文件，并将其用于短视频内容创作。

7.2.2　AI配音主播：多风格语音库的应用

扫码看教学视频

讯飞配音提供的配音主播同样也分为两种类型：合成主播与真人主播。合成主播是通过语音合成技术生成的虚拟主播声音，能够呈现出自然流畅的语音效果；真人主播是由真实的人类配音演员担任的主播角色，以其独特的嗓音和表演技巧赋予角色真实生动的情感。创作者可以根据自己的需求和喜好去选择配音主播，然后使用该配音主播提供的样音进行配音，具体操作方法如下。

步骤 01 在讯飞智作官网首页，❶单击“讯飞配音”标签；❷在弹出的列表框中选择“AI配音”|“主播列表”选项，如图7-28所示。

图 7-28　选择“主播列表”选项

步骤 02 执行操作后，进入“AI配音>主播列表”页面，选择一个喜欢的主播音色，即可弹出所选主播的“合成主播详情”对话框，如图7-29所示，创作者在其中选择一个合适的样音进行使用即可。

图 7-29　弹出“合成主播详情”对话框

步骤 03 在讯飞智作官网首页，❶单击“讯飞配音”标签；❷在弹出的列表框中选择“真人配音”|“主播列表”选项，如图7-30所示。

步骤 04 进入“真人配音>主播列表”页面，选择一个主播，如图7-31所示。

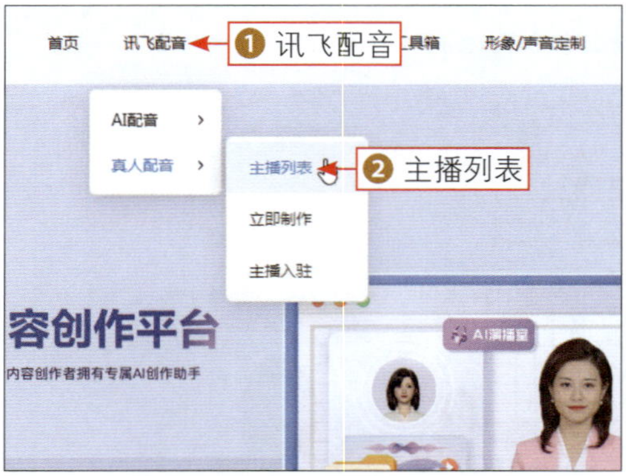

图 7-30　选择“主播列表”选项

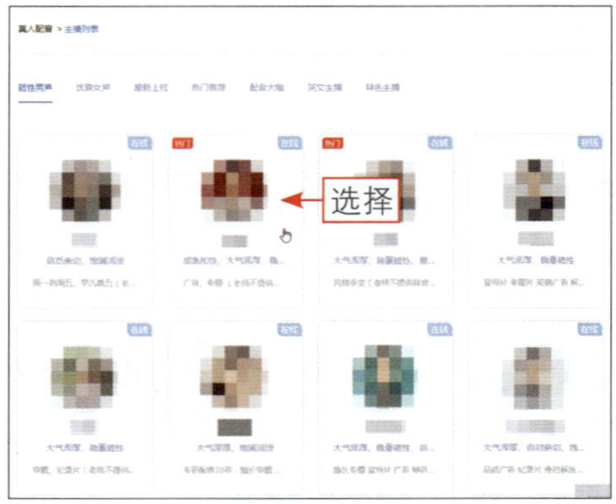

图 7-31　选择一个主播

步骤 05 执行操作后，弹出“真人主播详情”对话框，如图7-32所示，创作者在其中选择一个合适的样音进行使用即可。

图 7-32　弹出“真人主播详情”对话框

7.2.3　人声提取：智能分离背景音与对话

扫码看教学视频

【效果展示】在进行短视频剪辑的过程中，若视频的音频中同时包含人声与背景声，创作者可以借助剪映的AI人声提取功能，轻松地将背景声智能去除，仅保留清晰的人声。这一操作能显著提升视频中对话的清晰度，使人声更加干净和突出，从而提升观众的观看体验。视频画面效果如图7-33所示。

图 7-33　画面效果展示

下面介绍人声提取的操作方法。

步骤 01 在剪映的视频轨道上，添加一段视频素材，如图7-34所示。

步骤 02 在“音频”操作区中，❶ 选中“声音分离”复选框；❷ 选择“人声”元素；❸ 单击“开始分离”按钮，如图 7-35 所示，即可仅保留视频中的人声。

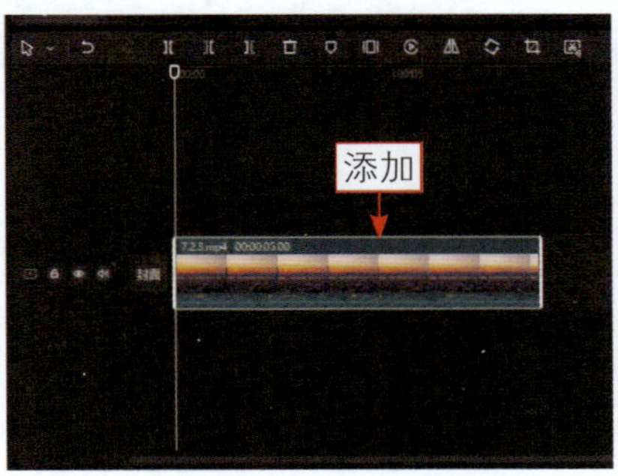

图 7-34　添加一段视频素材

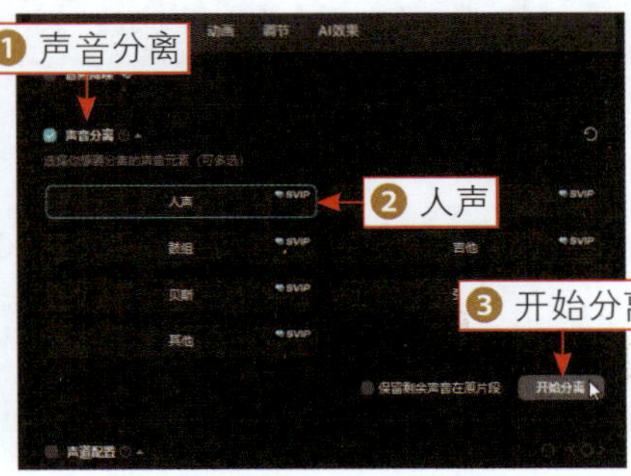

图 7-35　分离人声

7.2.4　音色变换：一键切换声音风格

扫码看教学视频

【效果展示】AI技术为运营者提供了音色转换功能，允许运营者将自己的声音转变为各种有趣的声音效果，如“猴哥”“黛玉”和“熊二”等，这些声音效果不仅能够增加短视频内容的娱乐性，还能为声音创作带来无限可能，视频画面效果如图7-36所示。

图 7-36　画面效果展示

下面介绍用AI实现音色变化的操作方法。

步骤 01 在剪映的视频轨道上，添加一段视频素材，如图7-37所示。

步骤 02 在“音频”操作区的“换音色”|“女声”选项卡中，选择“黛玉”音色效果，如图7-38所示，即可更换声音音色。

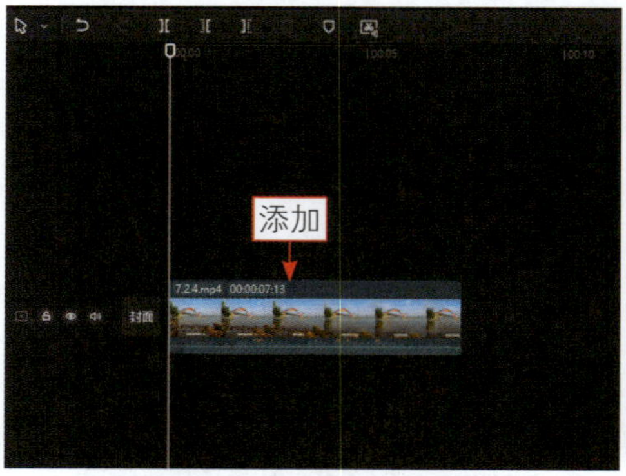

图 7-37　添加一段视频素材

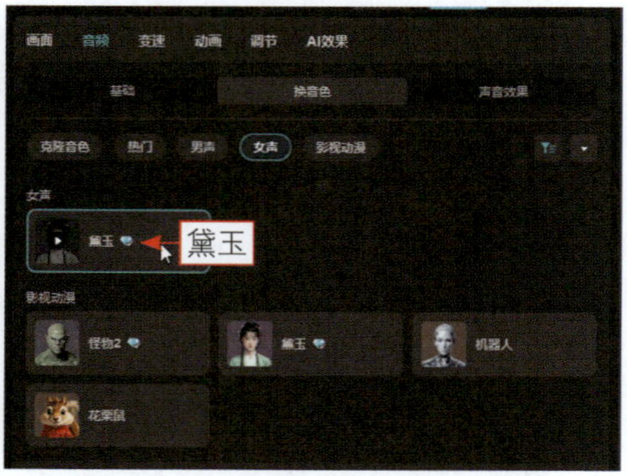

图 7-38　选择“黛玉”音色效果

7.2.5　场景音效：AI智能匹配环境声音

扫码看教学视频

【效果展示】剪映的AI场景音效旨在模拟不同场景下的声音氛围，如留声机、乡村大喇叭、黑胶、回音、电音和水下等，这些场景音效能够为短视频增添更多的氛围感和沉浸感。例如，留声机是一种古老的声音播放设备，现如今创作者可以通过剪映的AI变声技术模拟出留声机特有的声音效果，不论是视频中的背景音乐还是人声，都能为观众带来复古的听觉体验，视频画面效果如图7-39所示。

图 7-39　画面效果展示

下面介绍用AI添加场景音效的操作方法。

步骤 01 在剪映的视频轨道上，添加一段视频素材，如图7-40所示。

步骤 02 在“音频”操作区的“声音效果”|“场景音”选项卡中，选择“留声机”场景音，如图7-41所示，即可转变原声场景音效。

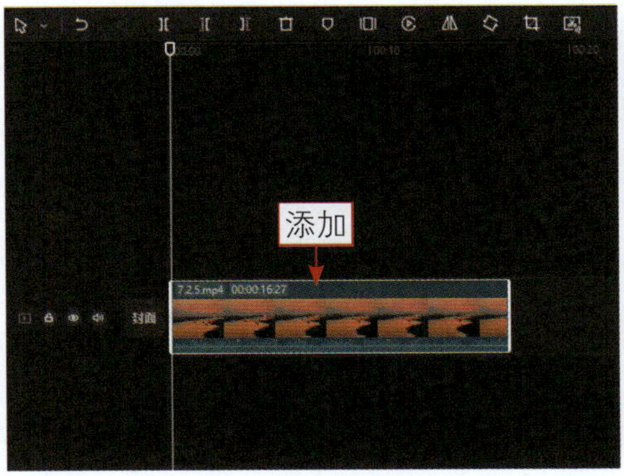

图 7-40　添加一段视频素材

图 7-41　选择“留声机”场景音

7.2.6　一键成曲：从脚本到配乐的自动化流程

扫码看教学视频

【效果展示】剪映为创作者提供了“声音成曲”这一独特的AI创意功能。通过AI技术，剪映可以将普通的语音音频或音乐片段，转换为具有说唱形式或特定风格的曲调效果，为新媒体创作者提供了更多的创作灵感和可能性。

例如，民谣作为音乐的一种形式，通常以其简单、清新和真挚的旋律而深受人们喜爱。这样的旋律容易让人记住，并且具有很强的传唱性，视频画面效果如图7-42所示。

图 7-42　画面效果展示

下面介绍具体的操作方法。

步骤 01 在剪映的视频轨道中，添加一段视频素材，如图7-43所示。

步骤 02 在“音频”操作区的“声音效果”|“声音成曲”选项卡中，选择

"民谣"曲调效果，如图7-44所示。执行操作后，即可制作出"民谣"风格的曲调效果。

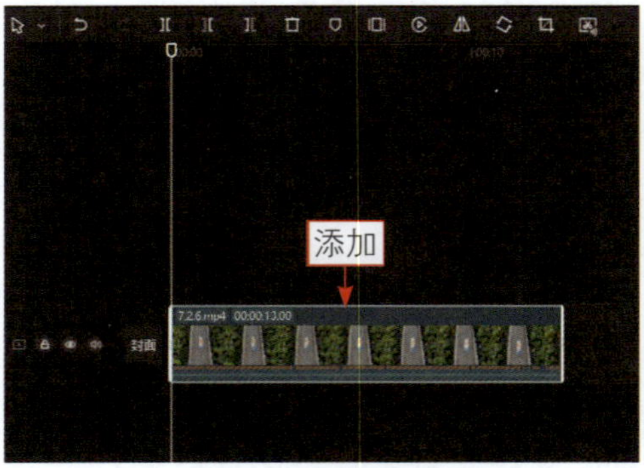

图 7-43　添加一段视频素材

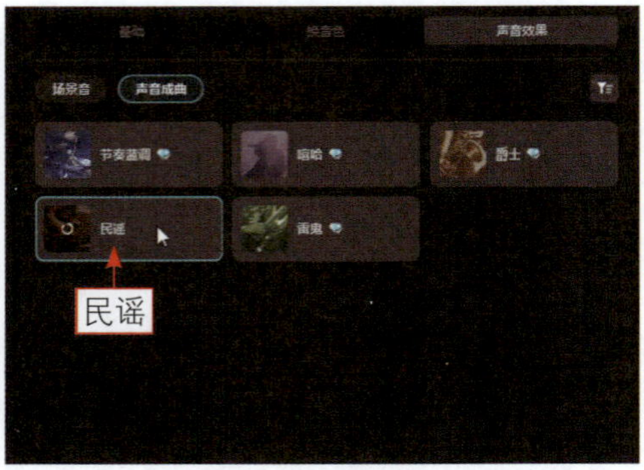

图 7-44　选择"民谣"曲调效果

7.2.7　变速处理：精准控制音频节奏

扫码看教学视频

【效果展示】剪映可以对音频进行快速或慢速处理，这在短视频制作、广告配音等领域具有很高的实用价值。

例如，当视频中的背景音乐节奏过快时，可以将音频分离出来再降低音频速度，使音乐节奏与视频更匹配，画面效果如图7-45所示。

图 7-45　画面效果展示

下面介绍在剪映电脑版中进行音频变速处理的操作方法。

步骤 01 打开剪映，在视频轨道中添加一段视频，如图7-46所示，在预览窗口中可以查看视频效果，试听视频中的背景音乐。

步骤 02 在视频上单击鼠标右键，在弹出的快捷菜单中选择"分离音频"选项，如图7-47所示，将视频中的背景音乐分离出来。

步骤 03 选择分离的背景音乐，在"变速"操作区中，设置"倍数"参数为0.50x，如图7-48所示，将音乐速度变慢，在预览窗口中可以进行试听。

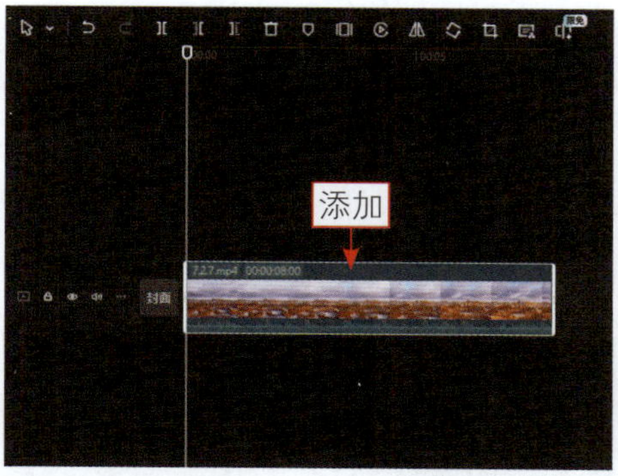

图 7-46　添加一段视频

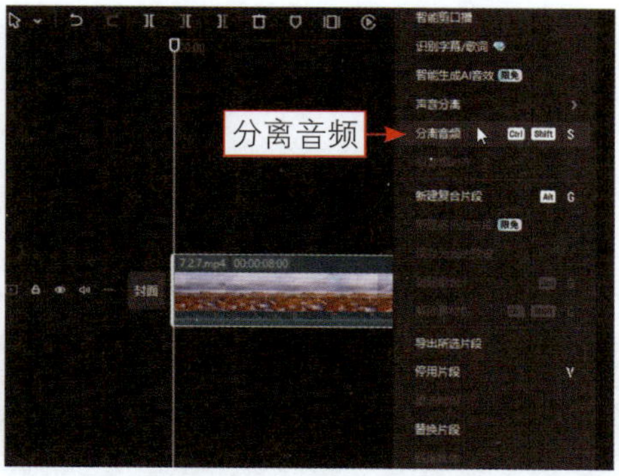

图 7-47　选择“分离音频”选项

步骤 04 ❶将时间轴拖曳至视频的结束位置；❷单击“向右裁剪”按钮，如图7-49所示，裁剪删除时间线右侧多余的音频，完成音频变速操作。

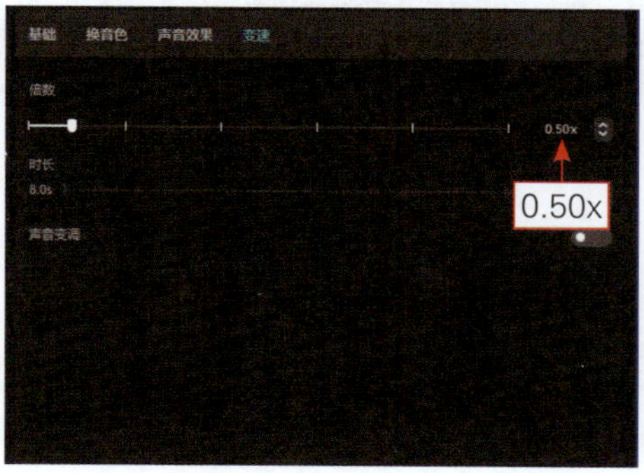

图 7-48　设置“倍数”参数

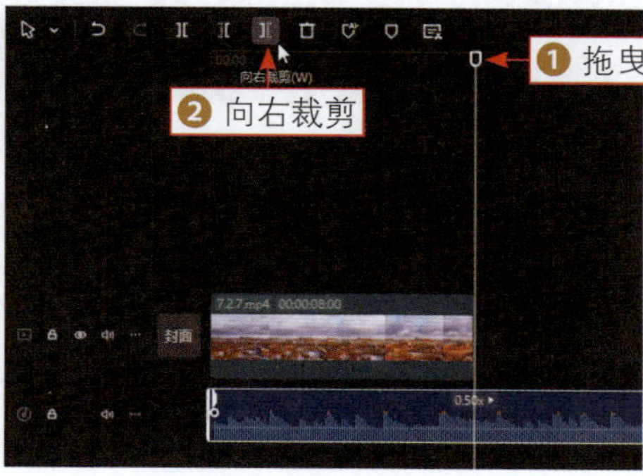

图 7-49　单击“向右裁剪”按钮

7.2.8　淡入淡出：打造流畅的音频过渡效果

扫码看教学视频

【效果展示】在剪映中对视频中的音频进行处理时，可以实现音频淡入淡出的效果，这种过渡方式自然流畅，适用于广告视频、影片配乐、广播节目等场景，使音频过渡更加专业，视频画面效果如图7-50所示。

图 7-50　画面效果展示

下面介绍在剪映电脑版中对音频进行淡入淡出处理的操作方法。

步骤 01 打开剪映，在视频轨道中添加一段视频，如图7-51所示，在预览窗口中可以查看视频效果，试听视频中的声音。

步骤 02 选择视频，在“音频”操作区中，设置“淡入时长”和“淡出时长”的参数均为1.5s，如图7-52所示，使视频中的音频自然过渡。

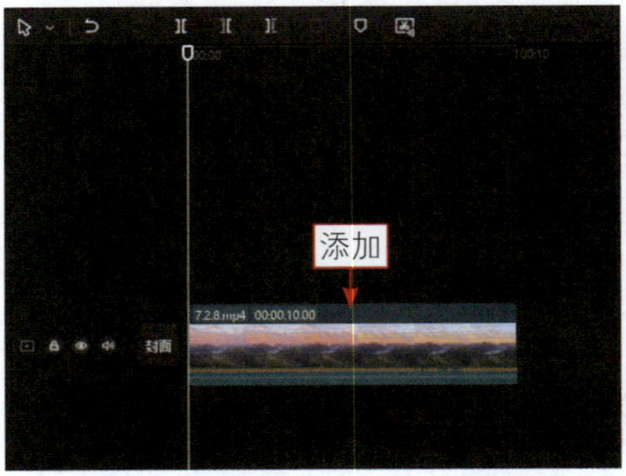

图 7-51　添加一段视频

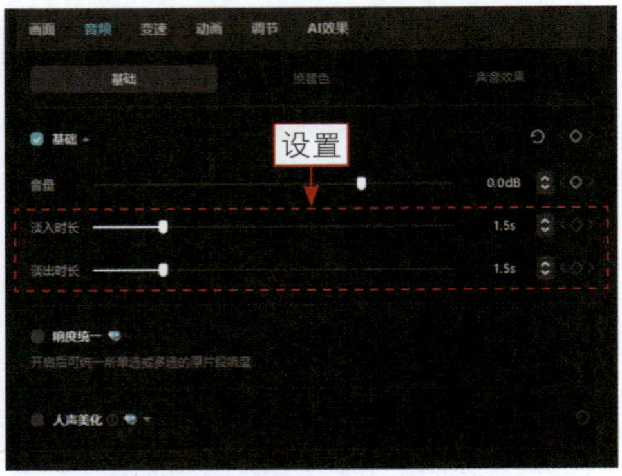

图 7-52　设置各参数

本章小结

本章主要介绍了音频剪辑的先进技术与应用。首先介绍了音频素材的创作流程，包括AI辅助生成创意音频、图片转音频技术、AI歌词创作、智能标签匹配及音频模板化制作等，以实现音频素材的高效与多样化创作。然后介绍了智能音频剪辑技术，如真人配音优化、AI配音主播应用、人声提取及音色变换等，显著提升了音频作品的专业性与个性化；以及音频节奏控制与过渡效果处理，包括变速处理与淡入淡出技术等，为音频剪辑增添了细腻与流畅感。

课后实训

鉴于本章知识的重要性，为了帮助读者更好地掌握所学知识，本节将通过课后实训，帮助读者进行简单的知识回顾和补充。

扫码看教学视频

实训任务：在剪映电脑版中对音频进行声道配置。这一功能可以帮助用户自由设置音频的声道，将有声侧声道填充至无声侧声道，确保双耳音频效果正常，使视频在播放时能够达到最佳效果，画面效果如图7-53所示。

图 7-53　画面效果展示

下面介绍具体的操作方法。

步骤 01 打开剪映，在视频轨道中添加一段视频，如图7-54所示，在预览窗口中可以查看视频效果，试听视频中的声音。

步骤 02 选择视频，在“音频”操作区中，❶选中“声道配置”复选框；❷在下方的列表框中，选择“将左侧声道填充至右侧声道”选项，如图7-55所示，执行操作后，即可设置音频的声道。

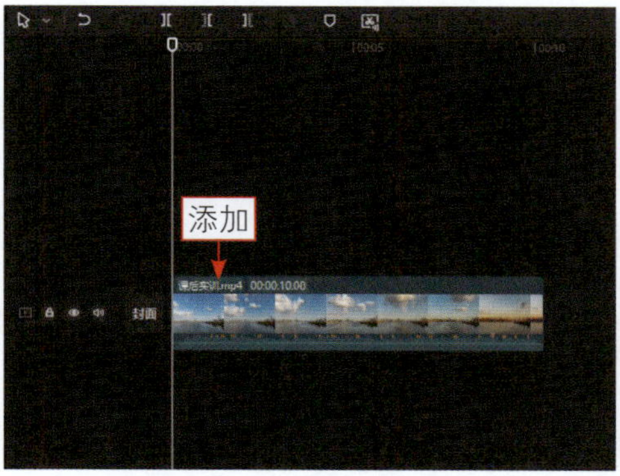

图 7-54　添加一段视频

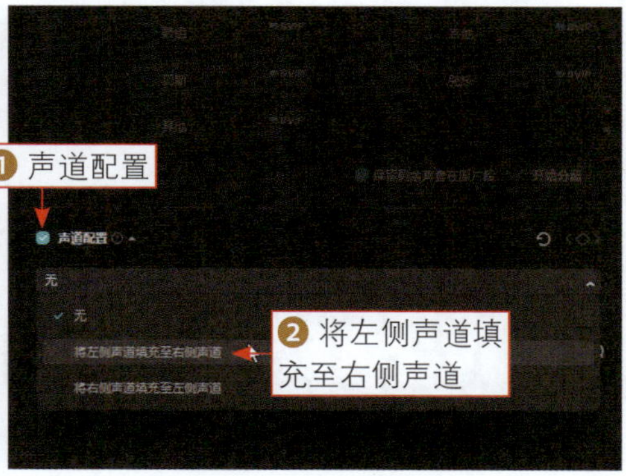

图 7-55　选择相应选项

【运营篇】

第8章

平台运营：

AI强力赋能，快速打造爆款 IP

短视频创作已不再只是创意的角逐，AI正以前所未有的速度重塑着内容生产与平台运营。从账号孵化到文案创作，从活动策划到数据分析，AI不仅是工具，更是策划者的思维延伸。如何让算法为你所用，精准捕捉流量密码，打造现象级IP？本章将深度解析AI在短视频运营中的全链路应用，助你突破创作瓶颈，占领内容高地。

8.1　AI 助力账号运营：从 0 到 1 快速起号

对于短视频编导而言，账号的快速成长是成功的关键。随着AI技术的不断革新，短视频编导们迎来了前所未有的机遇。利用AI技术，他们不仅能够大幅提升内容创作的效率与质量，还能精准捕捉市场热点，实现内容的个性化定制与高效传播。本节将讲解如何利用AI从0到1快速起号，打造爆款IP，在短视频中脱颖而出。

8.1.1　科技热点号：AI追踪热点与内容生成

扫码看教学视频

在短视频领域，AI科技热点号以其独特的视角和内容形式，正成为吸引大众眼球的一股新兴力量。AI科技热点号是专注于追踪和介绍最新科技热点的平台，生动地展示了AI技术的最新进展和创新应用场景，相关示例如图8-1所示。它涵盖了AI等多个领域的最新动态，为科技爱好者提供了丰富的信息和深入的解读，是洞察当前科技发展态势的重要窗口。

图 8-1　AI 科技热点号的内容示例

AI科技热点号因其内容的独特性和新颖性，往往能够在短时间内吸引大量的粉丝关注，成为AI相关账号中的流量佼佼者。随着粉丝基数的增长，AI科技热点号的变现潜力也随之增大。运营者可以通过多种方式实现收益，比如与自己或他人的产品进行合作，将粉丝流量转化为实际的经济效益。

为了更好地运营AI科技热点号并实现变现，运营者需要不断探索和尝试新的运营策略，包括但不限于以下几个方面，如图8-2所示。

策略	说明
内容创新	持续跟踪AI领域的最新动态，创作出有深度、有趣味的内容，保持内容的新鲜感和吸引力
互动增强	通过互动问答、直播等形式，增强运营者与粉丝的互动，提高粉丝的粘性
合作联动	寻找与AI科技热点相关的产品或服务进行合作，通过广告植入、内容推广等方式实现变现
数据分析	利用数据分析工具，了解粉丝的偏好和行为模式，优化内容策略和运营方向
技术应用	运用AI技术，如自动生成视频、智能推荐系统等，提高内容生产的效率和质量
品牌建设	通过高质量的内容和专业的运营，逐步建立和提升AI科技热点号的品牌形象
多平台运营	在多个新媒体平台上同步运营AI科技热点号，扩大影响力，吸引更多的粉丝
持续学习	不断学习新媒体运营和AI技术的最新知识，以保持自身的竞争力

图8-2　运营AI科技热点号的相关策略

通过上述策略的实施，AI科技热点号的运营者可以更有效地吸引和维护粉丝，实现账号的长期稳定发展，并在短视频领域找到属于自己的变现之路。

8.1.2　头像壁纸号：AI设计工具与素材优化

扫码看教学视频

当前，AI技术的应用为头像壁纸号的运营提供了新的思路和变现途径。头像壁纸号作为短视频领域的一个细分市场，因其低成本、易操作的特性，正逐渐成为热门的短视频运营项目。

人们对个性化头像和壁纸的需求始终存在，这使得头像壁纸号成为一个长期且稳定的运营选项。随着AI绘画技术的兴起，创作个性化头像壁纸变得更加简便，无需复杂的版权处理或手工绘制，仅需通过AI软件即可生成，相关示例如图8-3所示，大大降低了入行门槛。

图 8-3　用 AI 生成的个性化头像壁纸示例

AI头像壁纸号的变现模式如下。

（1）平台挂载与广告收益

在用户基数大、流量丰富的平台上运营头像壁纸号，可以吸引更多的用户关注和使用。例如，利用小程序作为平台，在评论区或主页引导用户搜索特定小程序并输入口令来下载高清原图，或者使用小程序来制作AI头像效果，相关示例如图8-4所示。用户在下载高清原图的过程中会观看广告，也能够为运营者带来广告收益。虽然单次收益不高，但通过增加账号数量和提高作品流量，可以大幅提升总体收益。

图 8-4　平台挂载示例

（2）私人定制服务

当头像壁纸号的内容足够吸引人时，部分用户可能会产生定制个性化头像的需求。运营者可以在平台上展示私人定制服务，或通过微信、闲鱼、淘宝等渠道接收订单。根据用户需求，提供个性化的头像设计服务，这种服务的单价通常较高，可以根据服务的深度和质量来定价，从而实现更高的收益。

（3）知识付费与教学课程

对于那些对AI绘画技术感兴趣的用户，运营者可以提供知识付费服务，包括提供关键词、资料包，或是通过视频教程和陪跑训练营等形式进行教学。这不仅能够帮助他人学习AI绘画技能，同时也为运营者带来额外收入，并扩大其影响力。

AI技术的融入，为头像壁纸号的运营提供了更多可能性，也为运营者带来了新的变现渠道。通过精准的市场定位和有效的运营策略，头像壁纸号有望成为新媒体领域的新宠。

8.1.3 小说推广号：AI生成剧情解说与视觉化内容

扫码看教学视频

在数字化内容推广的新纪元，利用AI打造小说推广号已成为一种创新且高效的运营手段。通过AI生成图像并与小说内容结合，不仅提升了用户的阅读体验，也为小说推广号开辟了新的变现途径。

随着AI技术的不断进步，特别是文本到图像（Text-to-Image）技术的突破，小说推广号得以通过声画匹配的方式，为读者带来更为沉浸式的体验。利用如SD（Stable Diffusion）等AI图像生成模型，运营者可以将小说中描述的场景和人物转化为视觉图像，如图8-5所示，极大地增强了小说内容的吸引力。

图 8-5　SD 生成的小说推文图片效果

对于个人或团队运营者而言，清楚地了解并掌握小说推广号的运作机制是关键。创建一个小说推广号，利用AI技术生成与小说情节相匹配的图像，可以吸引更多的关注和流量。

若已有一个团队运作此项目，也可以考虑通过AI技术进行内容升级。通过AI生成的图像，可以为现有内容增添视觉元素，提升用户的阅读体验，从而增强用户粘性和推广效果。

掌握AI图像生成技术后，可以为其他小说推广团队或个人提供外包服务。根据他们的小说内容生成相应的图像，不仅可以开辟新的收入来源，也能在行业内建立良好的合作关系。另外，运营者也可以与小说作者或者出版社建立合作关系，为其作品提供定制化的图像推广服务。

8.1.4　流量营销号：AI辅助流量获取与转化

扫码看教学视频

在数字化营销的浪潮中，AI技术的应用为流量营销号的运营提供了新的动力和变现途径。例如，百家号推出的“AI共创计划”，旨在激励运营者利用AI技术进行内容创作，并通过平台激励机制为运营者提供收益，如图8-6所示。

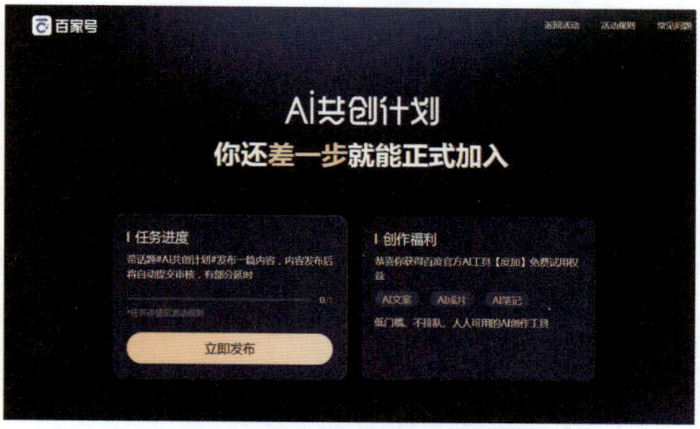

图 8-6　百家号推出的“AI 共创计划”

尽管百家号的流量相较于其他新媒体平台可能较小，但其新兴的AI创作激励机制为那些愿意探索新领域的运营者提供了潜在的盈利机会。利用ChatGPT和AI绘画技术，运营者可以快速生成大量内容，抓住平台激励的红利，实现流量收益。

另外，微信生态圈的流量潜力也不容小觑，尤其是公众号流量主模式，可能成为未来流量营销号的一大变现趋势。通过ChatGPT和AI绘画技术，可以快速产出公众号文章，运营者能够同时管理多个账号，增加流量收益的机会。此外，随着公众号内容推荐机制的优化，利用引人注目的封面图片来吸引用户已成为提升阅读量的有效策略。

8.2　AI 文案创作：打造高转化短视频内容

在短视频创作中，文案是灵魂，是吸引观众、传递信息的关键。随着AI技术的飞速发展，短视频编导迎来了文案创作的新纪元。本节将深入讲解如何利用AI技术赋能文案创作，从吸睛标题到品牌宣传，从个性化Vlog到智能配乐方案，再到账号运营优化，全方位助力运营者打造高转化、引人入胜的短视频内容。

如今，短视频已成为个人风采展示与品牌传播不可或缺的关键载体，而AIGC在此领域的应用展现出无限可能与广阔前景。通过掌握并善用新技术，创作者能够显著提升短视频内容的产出效率与质量，为观众带来更加丰富、优质的视听盛宴。本节将以智谱清言为例，介绍5个AIGC短视频应用案例。图8-7所示为智谱清言网页版的页面功能。

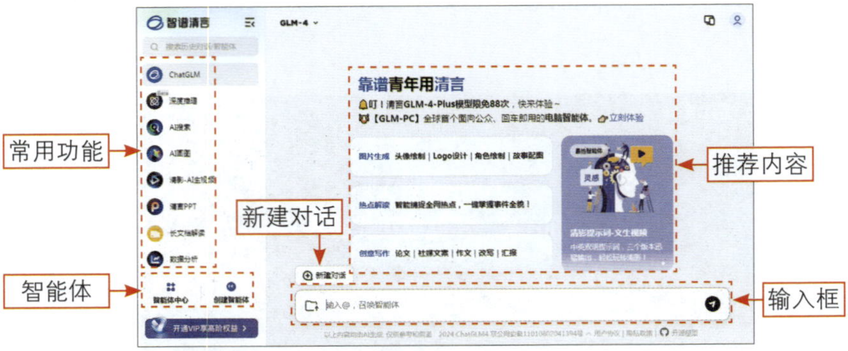

图 8-7　智谱清言网页版的页面功能

8.2.1　标题创作：AI生成吸睛标题的秘诀

扫码看教学视频

在这个信息爆炸的时代，短视频标题就如同短视频的“门面”，承担着迅速捕获用户注意力并激发他们深入观看的作用。借助智谱清言这样的智能工具，我们可以轻松生成既富有创意又极具吸引力的短视频标题，确保每一条短视频都能在内容海洋中独树一帜，脱颖而出，具体操作方法如下。

步骤 01 登录并进入智谱清言的ChatGLM页面，❶输入提示词；❷单击输入框右下角的发送按钮，如图8-8所示。

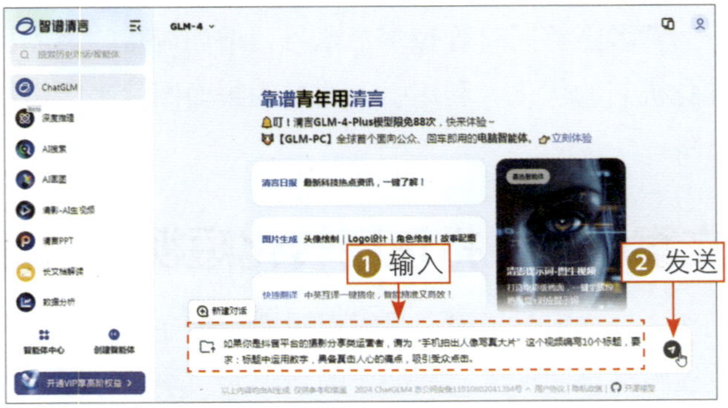

图 8-8　发送提示词

步骤 02 执行上述操作后，即可发送提示词，让AI编写10个标题，相关回复内容如下。

提示词

如果你是抖音平台的摄影分享类运营者，请为“手机拍出人像写真大片”这个视频写10个标题，要求：标题中运用数字，具备直击人心的痛点，吸引受众点击。

智谱清言

1.【揭秘】5大招式，用手机轻松拍出专业级人像写真大片！
2. 手机摄影必看！7个技巧让你的人像写真媲美专业摄影师！
3. 3分钟学会！4个实用技巧，手机也能拍出震撼人心的人像大片！
4. 破解人像摄影难题！8个秘诀让你用手机拍出绝美人像写真！
5. 手机拍人像，这样设置！5个参数让你轻松捕捉大片质感！
6. 88%的人都不知道的手机摄影技巧，教你拍出高级感十足的人像写真！
7. 6个低成本技巧，用手机拍出让人惊艳的人像大片！
8. 手机也能拍大片！掌握这8个要点，你的人像写真将惊艳朋友圈！
9. 从小白到大神，只需学会这5个手机摄影技巧，人像写真轻松拿捏！
10. 人像摄影新境界！7个独家秘籍，用手机拍出专业水准的大片！

8.2.2 宣传片脚本：AI赋能品牌故事讲述

扫码看教学视频

在视觉为王的短视频时代，一部精心制作的宣传片短视频，能够以最直观、最震撼的方式，让品牌精神、产品特性或服务理念深入人心。宣传片脚本的撰写，不仅仅是文字的堆砌，更是视觉叙事与情感共鸣的起点，是品牌故事的讲述者。智谱清言具有撰写引人入胜的宣传片短视频脚本的能力，能够通过创意文案和视觉叙事，为宣传主体打造令人难忘的第一印象，相关案例如下。

提示词

你是短视频运营大师，也是视频拍摄专家，请为未来之星小学做一个抖音短视频宣传片脚本，要求有镜头、旁白、场景（如对话场景等）和背景音乐（请给出具体的音乐名称），整体能吸引人的眼球，开头5秒要能抓住观众，视频时长1分钟左右。

智谱清言

《探索未来，从未来之星小学启航！》脚本内容
开头（0—5秒）
镜头：动态logo动画，未来之星小学的标志闪现，随后快速切换到孩子们兴奋的脸庞。

旁白（背景音乐《Upbeat Forever - JJD》）："每个孩子都是一颗璀璨的未来之星！"
场景一（5—15秒）
镜头：孩子们在充满现代感的教室里互动学习，使用高科技教学设备。
旁白："在这里，学习不仅仅是书本，而是探索与创造！"
……

8.2.3 Vlog脚本：AI打造个性化日常记录

扫码看教学视频

在日常生活的点点滴滴中，每个人都有自己的故事。作为创作者的智能助理，智谱清言能够为创作者的Vlog撰写脚本，捕捉那些平凡而又珍贵的瞬间。无论是一次简单的日常散步、兼职，还是与朋友的欢乐聚会，智谱清言都能帮创作者将这些时刻表现为引人入胜的故事。

在撰写日常Vlog脚本时，智谱清言会注重真实性和自然流畅的叙述，确保每个场景都充满生活气息，每段对话都贴近创作者的个性和风格，相关案例如下。

提示词

现在你是一位日常Vlog博主，请你写一篇主题为"大学生创业Vlog"的短视频脚本，要求：内容翔实精彩，风格贴近日常、写实，并为视频拟一个标题。

智谱清言

视频标题：《创业进行时：大学生的小小创业梦》
脚本内容如下。
开头（0—5秒）
镜头：手持相机自拍，背景是大学宿舍。
旁白：（微笑）"大家好，我是小陈，一名普通的大学生，也是一名正在路上的创业者。今天，我想带你们看看我的创业日常。"
场景一（5—20秒）
镜头：在宿舍书桌前，展示正在设计的商业计划书。
旁白："一切从这份商业计划书开始，我们希望通过这个点子解决同学们的实际问题。"
……

8.2.4 配乐方案：AI智能匹配背景音乐

扫码看教学视频

在短视频中，配乐（即背景音乐）是一种情感的催化剂，能够极大地增强内容的吸引力和用户的观看体验，因此为短视频选择恰当的配乐是一项至关重要的任务。智谱清言能够提供专业的配乐建议，通过音乐的力量，帮助创作者讲述更生动的故事，激发更强烈的情感共鸣，相关案例如下。

提示词

作为一名短视频剪辑师，针对主题为“小红书运营”的短视频，推荐5种音乐类型，并附上相应的推荐理由。

智谱清言

1. 活泼的背景音乐
推荐理由：轻快活泼的音乐能够营造出积极向上的氛围，有利于吸引观众注意力。对于“小红书运营”这一主题，使用这类音乐可以让人感受到运营的乐趣和轻松氛围，提升观看体验。
推荐曲目：《Viva La Vida》- Coldplay
2. 动感音乐
推荐理由：创意动感音乐具有较强的节奏感，能够激发观众的兴趣。在讲述小红书运营技巧时，搭配这类音乐可以让内容更具吸引力，让观众更容易记住关键信息。
……

8.2.5　运营建议：AI提供账号优化策略

扫码看教学视频

对于创作者来说，如何高效运营账号、吸引和保持粉丝以及提升内容的影响力，是新媒体运营的关键挑战。智谱清言能够为创作者提供一系列的新媒体账号运营建议，从内容创作到粉丝互动，从数据分析到市场趋势，帮助创作者在新媒体的海洋中乘风破浪，相关案例如下。

提示词

你是一位短视频运营专家，我想做一个Vlog博主，我该如何成功运营一个账号？请从多维度提议。

智谱清言

成功运营一个Vlog博主账号，需要从以下多个维度进行规划和执行。
一、定位与策划
明确目标群体：确定你的Vlog将面向哪类观众，如学生、职场人士、旅行爱好者等，以便制作出符合他们兴趣的内容。
内容定位：根据你的兴趣、特长和市场需求，确定Vlog的主题，如美食、旅行、时尚、科技等。
……

8.3 AI 活动策划：引爆用户参与的秘密武器

在短视频编导的领域里，AI活动策划是吸引用户参与活动的关键。从需求洞察到目标设定，再到流程优化与资源调配，AI为活动策划提供了前所未有的精准与高效指导。

本节将深入讲解AI如何助力活动策划，通过实战案例解析，揭秘从策划到落地的全流程，展现AI作为打造爆款IP秘密武器的无穷魅力。

8.3.1 活动策划前期：AI辅助需求分析与目标设定

扫码看教学视频

短视频活动策划之所以至关重要，是因为它能使活动更具意义，帮助运营者实现更高的目标。从活动的筹备到结束，人员配备、活动地点选择、活动宣传等各个环节都需要投入成本。若缺乏周密的策划，活动成本可能会上升，而效果却未必显著，导致运营者得不偿失。

因此，运营者必须掌握短视频活动策划的关键步骤，并依此进行策划工作。下面将详细介绍短视频活动策划的前期工作，特别是如何利用AI辅助进行需求分析与目标设定。

8.3.1.1 明确活动目标

短视频活动策划的首要任务是明确活动目标，是提升品牌形象、企业形象，还是盈利，或品牌宣传与盈利兼顾。与委托人或主办方深入沟通，确保各方对活动目标有清晰认识。

8.3.1.2 确定活动方案

运营者在进行短视频活动策划之前，需要制订简单的活动总体方案，策划出一个大体的活动雏形，为后续工作提供有效指导。

一般来说，在短视频活动总体方案中至少要列出6个事项，具体包括明确活动主题、确定活动时间、确定活动地点、确定活动对象、安排活动流程、估算活动经费。在这6点中，被确定的活动对象一般是企业的忠实用户和潜在用户，所以活动的时间和地点要根据企业忠实用户的特点和需求来决定。

在进行短视频活动策划之前，活动总体方案无须太过详细，不要花太多的时间在策划活动前的准备上，只需满足4个要求即可，具体包括语言简单明了且易懂、内容无须过多、方案要素需全面、围绕活动目标构思。

8.3.1.3 预算费用规划

对于短视频活动策划者来说，需要将活动的经费去向罗列清楚，只有这样才能把控好活动经费的支出，也能让企业管理者快速了解活动经费的去向，从而放心地将活动经费交给活动策划者。

活动策划者需要根据活动类型、活动项目、企业具体情况来制作真实、合理、详细的活动整体预算表。例如，××企业需要为××产品举办新品发布会，其整体预算表如表8-1所示。

表 8-1　活动整体预算表

活动名称	××新品发布会			
活动主题	将××产品正式向外推广			
用途	项目	单价	数量	总价/元
前期推广	在××电视节目上投放广告	45000元/天	7天	315000
	制作传单	1元/张	10000张	10000
	制作邀请卡	2元/张	100张	200
场地租借	××酒店大厅	24000元/天	1天	24000
设备租借	椅子	5元/把	200把	1000
	摄影设备	3000元/台	3台	9000
	投影机	5000元/个	1个	5000
	桌子	10元/张	10张	100
	音响	400元/个	2个	800
	话筒	5元/个	4个	20
食物	水	48元/箱	10箱	480
发布会上的节目	礼仪小姐走秀	600元/人	10人	6000
	专业串场节目	1000元/次	3次	3000
临时雇用劳务费	签到人员	200元/人	4人	800
	摄影师	500元/人	3人	1500
	主持人	600元/人	1人	600
	保安	300元/人	10人	3000
	场地布置人员	400元/人	15人	6000
不可预计花费				10500
总计				397000

新媒体活动策划者在制作活动整体预算表时，需要遵循真实详细、凑整、不超过10%和具体分析这4个原则，如图8-9所示。

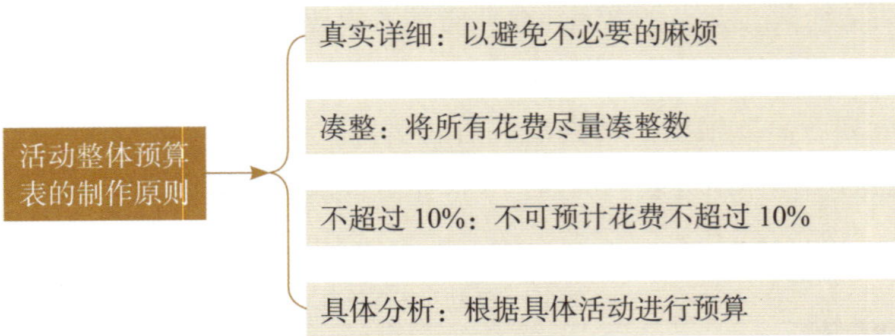

图 8-9　活动整体预算表制作原则

8.3.1.4　确定活动流程

在新媒体活动策划中，活动具体流程表也是一个重点，活动策划者需要将活动当天的流程安排到位，并将其一一列举出来，让领导、操作人员知道活动大概的流程，这样的活动才会更加严谨，更容易举办成功。

仍然以××新品发布会为例，来大致了解活动具体流程表，如表8-2所示。

表 8-2　活动具体流程表

活动名称	××新品发布会	
活动主题	将××产品正式向外推广	
活动开始时间	2025年11月17日13:30	
流程	时间	具体描述
签到	13:30—14:00	记录参会媒体
主持开场白	14:20	主持人上台+轻音乐
节目表演	14:30—15:30	小型音乐会
介绍产品	15:30—17:00	介绍新产品的性能、生产背景等内容
主持人谢幕	17:20	宣布发布会结束
发布会结束	17:30	发布会全部结束

8.3.2　活动执行技巧：AI优化流程与资源分配

扫码看教学视频

短视频活动策划虽以创意为核心，但掌握一定的执行技巧同样关键。下面将深入讲解短视频活动策划的执行技巧，特别是如何利用AI优化流程与资源分配，确保策划的顺利实施。

8.3.2.1　找准策划动力

新媒体活动策划者在进行活动策划的过程中，先要为活动策划找准活动的理由。如果不能直接表明活动的利益目的，那活动还未开始就会激发大多数用户的反感心理。而赋予活动理由的话，则可以很好地掩盖活动的直接利益目的。这样不仅可以大大增加活动的信服力，还能吸引用户主动参与活动，具体内容如图8-10所示。

合适时机 → 不管是在现实生活中，还是在互联网上，以时间为理由的活动策划是非常常见的活动类型。活动策划中所指的时间，并不单指日期，还可从假日和时节两个方面考虑，例如春节等

时事热点 → 时事热点是人们最为关注的话题，活动策划者可以借助它们的“热势”，让自己的活动更容易被人们所接受。那么，哪些时事热点可以作为活动策划的素材呢？可以从 3 点入手，即社会热点、明星资讯和生活新闻

自身亮点 → 活动策划者还可以将产品的亮点作为策划活动的理由，以吸引用户的注意力。在以追求新鲜刺激为时尚的大环境下，“新品”一词无疑有着巨大的吸引力，在现实生活中，新品发布会就是一个非常典型、以亮点为理由的活动类型

图 8-10　活动策划的理由

8.3.2.2　策划的基本原则

万事万物都有一定的内在规律，新媒体活动自然也是如此。有一些初出茅庐的活动策划者，在进行活动策划工作时总会遇到各种各样的问题，这通常是因为没有遵循活动策划的规律、规则所致。随着问题的积累，活动策划者也容易遭受打击，甚至出现了自我贬低的情况，这是非常不可取的。

下面就来了解一下活动策划的原则，活动策划新手只有掌握了这些原则，才能在活动策划的过程中避免一些问题的发生，为自己增加一些信心。

（1）一个主题原则

活动策划者在进行新媒体活动策划工作时，只需要确定一个核心主题，并围绕此主题展开活动策划。千万不要在一个活动中嵌入多个主题思想，这样策划出来的活动可操作性非常低。

一般来说，活动主题在下述3点的基础上才能得以确定，分别为从企业实际情况出发、根据市场发展状况而定、是目标用户所需要的内容。例如，节日活动的主题都紧扣节日内容，让用户不感觉违和，也易于他们接受并参与。

（2）直明利益原则

一个好的新媒体活动策划，一般都会将对用户有利的方面直截了当地告诉用户，这样更容易让用户感受到活动的吸引力。例如，要举办一场优惠促销活动，

那么就需要在宣传的过程中，让用户了解到优惠力度，这样容易激发用户的购买心理。

（3）真实可行原则

活动策划者在进行新媒体活动策划的过程中，需要明白自己是否具有执行能力，没有能力执行的活动只不过是空谈，没有任何意义和价值。对自己的执行能力可以从3个方面进行把控，分别是考虑执行人员的情况、将活动安排周全、考虑外部环境问题。

另外，对一些将执行能力充分进行规划的活动方案，还需防范意外情况，准备一个低配版的执行方案。

（4）随机应变原则

活动策划者千万不要只盯着一种活动类型进行策划，要适时转换活动类型，这样才能大大提高活动的可执行力以及策划者的策划能力。

确定了活动的类型后，也不必拘泥于该方向上特定的活动形式。例如，商场的促销活动也不是只能用优惠和礼品吸引顾客，再由讲解员推销商品。用一些其他的新奇方式吸引顾客，效果有时可能会出人意料，例如创意主题、社交媒体互动等促销方式。

（5）创新活动原则

如今，企业利用新媒体活动进行营销已经是一种司空见惯的手段了。因此，活动策划者需要遵循创新性原则，在新媒体活动中嵌入一些能让人们感到新意十足的内容，可以大大增加活动的吸引力。

创新性原则要从“科学实践，求真务实”的基础上出发，重点体现在可行性强、实用性强和新颖性强。此外，活动的创新性除了可以吸引大量用户外，还可以给企业带来多方面的好处，如图8-11所示。

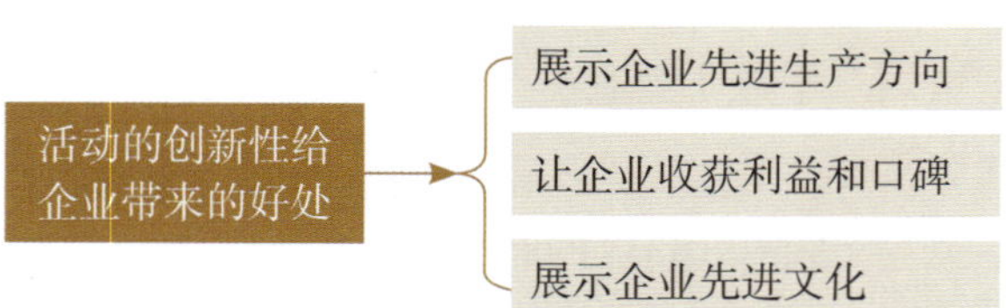

图 8-11　活动的创新性给企业带来的好处

8.3.3　AI实战案例：从策划到落地的全流程解析

扫码看教学视频

我们来全面解析一个项目从策划到落地的完整流程。这一流程不仅涉及前期的精心策划与准备阶段，还涵盖中期的实施与灵活调整阶段，直至最终的落地实施与实际应用。本案例将详细解析从策划到落地的全过程，重点分析关键环节及策略，帮助策划者掌握如何有效利用AI工具，实现项目目标。

下面以智谱清言为例，要求其在抖音平台上给《剪映+AI：短视频剪辑从入门到精通（手机版+电脑版+网页版）》这本书举办一个新书创意短视频挑战赛活动，相关案例如下。

提示词

我要在抖音平台做一个新书创意短视频挑战赛活动，书名为《剪映+AI：短视频剪辑从入门到精通（手机版+电脑版+网页版）》，具体要求如下。

1. 确定活动目标与规则
2. 活动发布与启动：包括邀请KOL/网红助力、创建活动话题与挑战标签
3. 用户参与与互动
4. 列出活动总结与宣传方式

智谱清言

随着短视频内容的日益火爆，掌握视频剪辑技能已成为现代人的必备能力。为了帮助广大用户更好地学习和掌握短视频剪辑技巧，特此举办《剪映+AI：短视频剪辑从入门到精通（手机版+电脑版+网页版）》新书创意短视频挑战赛活动。本次活动旨在通过趣味互动的方式，让参与者在轻松愉快的氛围中提升视频剪辑技能，同时推广新书，扩大品牌影响力。

一、确定活动目标与规则

1.活动目标

……

8.4　AI 数据分析：精准洞察用户与内容趋势

在短视频领域，AI数据分析已成为打造爆款IP不可或缺的一环。随着AI技术的不断进步，AIGC驱动的数据分析模式正引领行业变革。从精准构建用户画像，到预测爆款内容，再到深度剖析个人账号，AI技术以其智能化、精细化的优势，为短视频编导提供了前所未有的洞察力。本节将深入讲解如何运用AI数据分析，从用户、内容和账号3个关键维度出发，为短视频创作提供数据支撑，助力编导们精准把握用户与内容趋势，打造更多爆款短视频。

8.4.1　用户画像：AI生成精准用户标签与行为分析

扫码看教学视频

用户画像，又称为用户角色，是基于真实的用户数据，通过数据

分析和挖掘技术，将用户的属性、行为与期待的数据转化联结起来，形成的一种虚拟的、具有代表性的用户模型。用户画像并不是具体指某一个人，而是根据目标用户群体的行为观点的差异将其区分为不同类型，并提炼出一个或多个类型的用户画像，而这些用户画像可以代表产品的主要受众和目标群体。

在短视频中，用户画像扮演着至关重要的角色。通过用户画像，创作者可以深入了解用户的兴趣爱好、消费习惯等，从而更好地满足用户需求，提供符合用户口味的内容和产品。用户画像还可以帮助创作者准确把握目标用户的特征和需求，从而更好地进行账号定位和内容定位，提高运营效果。根据用户画像，创作者可以为用户提供个性化的内容推荐和服务，增加用户粘性。

随着AIGC技术的不断发展，创作者可以利用AI来分析和构建更为精细的用户画像，以更深入地理解用户需求和偏好。下面以豆包为例，分析抖音平台的用户活跃时间段，相关案例如下。

提示词

抖音平台的用户活跃时间段主要集中在哪些时间段?

豆包

抖音平台的用户活跃时间段主要集中在以下几个时段。

工作日

早上7:00—8:00：人们起床后准备上班或上学，在早餐时间或通勤途中会利用碎片化时间刷抖音，获取资讯或放松。

中午12:00—14:00：午休时间，人们通常会选择刷抖音来缓解上午工作或学习的疲劳。

……

8.4.2 爆款内容：AI拆解高流量视频的成功要素

扫码看教学视频

爆款内容通常指的是在短时间内获得大量曝光、引发延伸讨论和自发传播分享的内容，它不仅仅以点赞、评论、阅读的数字来衡量，更重要的是转发率和转化率。

转发率代表用户愿意主动传播内容给亲朋好友，而转化率则体现在转发后，有多少人关注、点赞甚至购买相关产品。爆款内容在形式上可以是文字、图片、视频等多种形式，关键是能够引起用户的共鸣，激发他们的分享欲望。

对于创作者来说，打造爆款内容最为关键，具有多方面的价值，它能够自发传播，实现破圈效应，扩大品牌或产品的知名度。通过爆款内容，用户会对创作者或品牌产生固定的联想，从而增加关注度和进一步了解的欲望。借助爆款内容的传播量和影响力，创作者还可以更多地寻求商业机遇，如广告合作、产品推广等。

下面以豆包为例，分析视频号平台的用户反馈数据，相关案例如下。

提示词

在视频号平台，美食热门视频的评论区通常有哪些互动方式？

豆包

视频号美食热门视频的评论区通常有以下几种互动方式。
发表评论
表达感受：用户会直接表达对美食的喜爱、垂涎之情等，如“看起来太好吃了，馋死我了”；也会对视频的制作、拍摄等方面发表看法，像“这个视频拍得好有食欲，画面好棒”。
……

8.4.3　账号诊断：AI提供数据驱动的优化建议

扫码看教学视频

个人账号通常指的是以个人身份注册的短视频账号，如微博、抖音、快手、微信公众号等，这类账号主要用于个人表达、分享生活、结交朋友等。个人账号的特点是互动性强、传播范围有限，但能够真实地反映出个人的特点和品质。

创作者可以利用AI来分析个人账号数据，通过深入分析数据，创作者可以了解粉丝的喜好、内容的表现，以及账号的发展趋势。这种洞察力可以帮助创作者制订更有效的内容策略、提高粉丝参与度，并最终实现个人账号的成长和成功。

下面以豆包为例，让AI给我们提供抖音内容数据分析的思路，相关案例如下。

提示词

如何使用抖音热搜榜进行抖音内容数据分析？

豆包

使用抖音热搜榜进行抖音内容数据分析可以从以下几个方面入手。
热搜榜单关键词分析
提取核心关键词：每日定时查看热搜榜，记录下出现的关键词，分析哪些词汇或主题出现的频次较高，这些高频词就是当前用户关注度较高的内容。比如“人工智能”频繁上榜，说明用户对人工智能相关内容感兴趣。
……

本章小结

本章首先介绍了AI在账号运营中的应用，包括科技热点追踪、头像壁纸设计、小说推广及流量营销等场景的快速起号策略。然后介绍了AI在文案创作方面的能力，如生成吸睛标题、宣传片脚本、Vlog脚本、配乐方案及账号优化建议。最后介绍了AI在活动策划与数据分析中的作用，包括需求分析、目标设定、流程优化、资源分配、用户画像生成、爆款内容拆解及账号诊断。

课后习题

鉴于本章知识的重要性，为了帮助读者更好地掌握所学知识，本节将通过课后习题，帮助读者进行简单的知识回顾和补充。

扫码看教学视频

【问】简述AI在账号运营中如何助力从0到1快速起号，并举例说明。

【答】AI在账号运营中通过追踪热点、创意生成内容、设计工具优化、解说剧情、生成视觉化内容以及获取与转化流量等多方面助力运营者从0到1快速起号。例如，在科技热点号方面，AI可以实时追踪科技领域的最新动态，自动生成与热点相关的内容，从而快速吸引关注。在头像壁纸号方面，AI设计工具可以根据流行趋势和用户偏好优化素材，提高账号的吸引力。

【问】在AI文案创作中，AI如何生成吸睛的标题？请描述其过程并给出一个可能的标题示例。

【答】在AI文案创作中，AI通过分析大量成功标题的词汇、句式和结构，学习如何生成能够吸引用户注意力的标题。其过程包括数据收集、模型训练、内容生成和筛选优化等步骤。一个可能的标题示例是“【揭秘】这款AI神器如何让你的工作效率翻倍？”，这个标题结合了用户的好奇心和对效率提升的需求，能够吸引潜在用户的点击。

第9章

引流推广：

AI 辅助吸粉，轻松积累百万粉丝

短视频的内容创作只是成功的一部分，如何有效地引流推广，让作品触达更多的观众，是每个短视频编导必须面对的课题。本章将带你走进这个智能吸粉的新时代，学习如何利用AI技术颠覆传统营销格局，轻松积累百万粉丝，让你的短视频作品火遍全网。

9.1 AI 助力短视频引流：轻松打造百万粉丝矩阵

短视频编导如何轻松打造百万粉丝矩阵？AI技术成为关键。从激发原创内容创意，到精准付费推广；从直播预告预热，到评论互动增强粘性；从私域流量深度挖掘，到矩阵账号多管齐下；从紧跟热点话题，到线上线下无缝对接。AI助力短视频引流，让粉丝积累变得轻松高效，开启短视频编导的引流新篇章。

9.1.1 原创内容引流：激发创意，独占鳌头

扫码看教学视频

对于有短视频制作能力的运营者来说，原创内容引流是最好的选择。运营者可以将精心制作的原创短视频发布至抖音平台，并充分利用账号资料（如昵称、个人简介等）进行引流，适时留下微信等联系方式以便粉丝联系。

抖音平台上的年轻用户群体更倾向于热门且具有创意的内容。根据抖音官方的推荐原则，受鼓励的视频类型包括：场景化呈现、画面清晰度高、记录日常生活点滴、内容健康积极、涵盖多人物互动、剧情演绎、才艺展示、心得分享、幽默搞笑等多种风格，不拘泥于单一形式。因此，运营者在创作原创短视频时，应铭记这些指导原则，以期作品能够获得更多平台的推荐与曝光。

9.1.2 付费推广引流：精准投放，快速吸粉

扫码看教学视频

在当今的短视频市场中，各大平台为有引流需求的用户提供了丰富的付费推广工具，如抖音的“DOU+上热门”和快手的“帮上热门”等。其中，抖音的“DOU+上热门”作为一款高效的视频“加热”工具，能够将视频精准推荐给更多感兴趣的用户群体，显著提升视频的播放量与互动量，甚至还能有效增强视频中带货产品的点击率和转化率。

通过利用这些付费推广工具，运营者可以实现快速且精准的引流，从而迅速扩大粉丝基础，提升品牌影响力。因此，对于有明确引流目标和预算的运营者来说，付费推广引流无疑是一个值得考虑的选择。

9.1.3 直播预告引流：预热造势，引爆流量

扫码看教学视频

在抖音平台上，直播预告引流已被验证为一种既高效又富有创意的吸引观众的策略。运营者通过精心策划并提前发布直播预告，能够有效为直播活动预热，营造期待氛围，从而显著提升直播流量，吸引更多观众积

极参与。

直播预告的内容应精心编排，确保涵盖直播的主题、具体时间、核心亮点以及吸引人的互动环节等关键信息，让观众能够提前了解直播内容并做好观看准备。

同时，运营者应充分利用抖音平台的功能优势，如发布短视频预告、更新状态动态、与粉丝在评论区进行互动等，以收集粉丝的意见和建议，进一步提升直播的期待值和观众的参与度。

为了增强直播预告的吸引力，运营者需深入理解并巧妙运用抖音的算法推荐机制，通过精准定位目标受众，提高预告视频的曝光率和触达精准度。此外，积极寻求与其他抖音用户或网红的合作，通过互推、互粉等策略，能够进一步扩大预告的传播范围，吸引更多潜在观众。

在发布直播预告时，运营者应精准把握目标受众的活跃时段，确保预告能够在他们最可能关注的时间节点出现。同时，通过设置悬念、发放福利等创意手段，进一步激发观众的好奇心和参与热情，为直播活动营造更加浓厚的氛围，从而引爆直播流量。

9.1.4　评论互动引流：增强粘性，口碑传播

扫码看教学视频

运营者可以积极关注同行业或同领域的相关账号，并在其热门作品下方发表评论，巧妙地融入广告元素，从而为自身账号或产品有效引流。评论热门作品以引流主要涵盖两种策略。

（1）直接评论热门作品

此策略的优势在于能够直接触及大量活跃用户，因为这些作品本身就拥有高流量。然而，这也意味着面临着激烈的竞争，因为众多运营者都可能采用相同的方法。

（2）评论同行作品

相较于直接评论热门作品，评论同行的作品可能竞争相对较小，但仍需确保评论内容具有吸引力和相关性，以便吸引潜在用户的注意。

9.1.5　私域流量引流：深度挖掘，高效转化

扫码看教学视频

AI可以帮助运营者识别并吸引目标用户群体进入私域流量池，如微信群、QQ群等，运营者可以在此将自己的文章、短视频或直播间分享给目标用户。通过分析用户数据和行为模式，AI可以制订个性化的私域流量运营策略，如定期推送有价值的内容、举办线上活动等，以增

加用户粘性和活跃度。

以微信为例，运营者可以将抖音上的短视频作品分享给微信好友，如图9-1所示。收到短视频作品链接的用户可以直接在微信聊天界面中点击该视频链接，即可打开查看视频内容，同时还会展示运营者的抖音账号，引流效果更好。

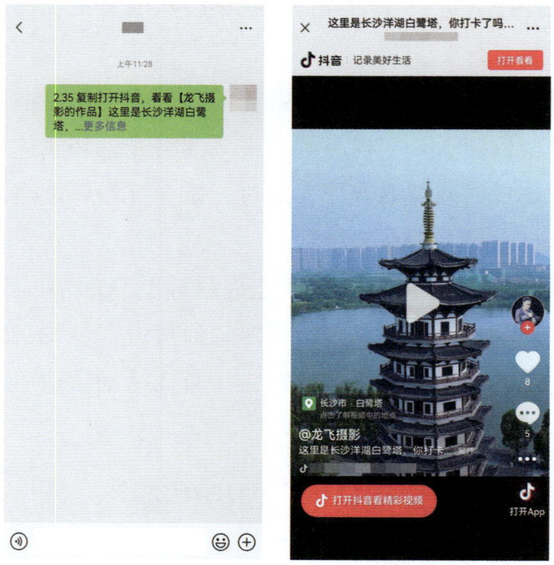

图 9-1　将抖音上的短视频作品分享给微信好友

9.1.6　矩阵账号引流：多管齐下，扩大影响

扫码看教学视频

矩阵账号是指通过同时运营多个不同类型的账号，来打造一个稳定的粉丝流量池的做法，整体的运营思维为“大号打造IP+小号辅助引流+最终大号转化”。

打造矩阵账号通常需要建立一个短视频团队，至少要配置2名主播、1个拍摄人员、1个后期剪辑人员和1个推广营销人员，从而保障矩阵账号的顺利运营。在打造矩阵账号时，还有很多注意事项，如图9-2所示。

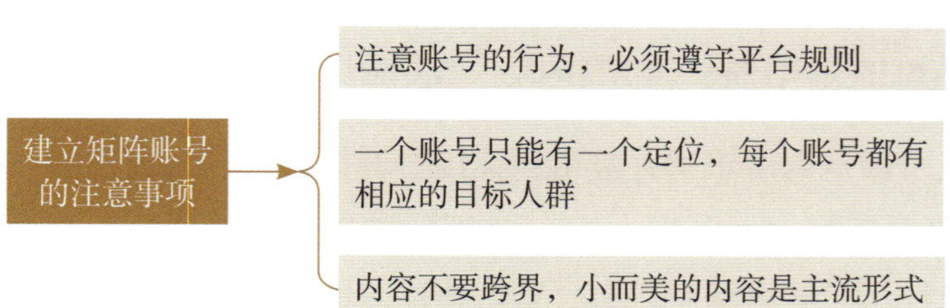

图 9-2　建立矩阵账号的注意事项

值得注意的是，矩阵账号中各子账号的定位一定要精准，这一点非常重要，每个子账号的定位不能过高或者过低，更不能错位，既要保证主账号的发展，也要让子账号能够得到很好的成长。

9.1.7　热点话题引流：紧跟潮流，借势营销

扫码看教学视频

不管是做短视频还是其他内容形式，只要内容与热点挂钩，通常都能得到极大的曝光量。那么，如何通过抖音蹭热门话题，让短视频播放量快速破百万呢？

创作者可以进入“抖音热榜”界面中的“挑战榜”选项卡，选择合适的热点话题后，只需点击“立即参与”按钮，即可参加该热门话题挑战赛。另外，运营者也可以在“挑战榜”上的短视频播放界面中点击“拍同款”按钮，快速拍摄带同款热门话题的短视频。创作者发布短视频后，平台会根据这个话题的热度，以及内容与热门话题的相关性，为短视频分配相应的流量。

9.1.8　线下POI引流：线上线下，无缝对接

扫码看教学视频

短视频的引流是多方向的，既可以从平台的公域流量池或者跨平台引流到账号本身，也可以将自己的私域流量引导至其他的线上平台。尤其是本地化的短视频账号，还可以通过短视频给自己的线下实体店铺引流。

例如，用抖音给线下店铺引流的最佳方式就是开通企业号，并利用“认领POI地址”功能，在POI（Point Of Interest，兴趣点）地址页展示店铺的基本信息，实现线上到线下的流量转化。

当然，要想成功引流，运营者还必须持续输出优质的内容、保证稳定的更新频率、多与用户互动并打造好自身的产品，做到这些才可以为店铺带来长期的流量。

9.2　AI 数字人矩阵引流：开启智能吸粉新时代

短视频编导们，引流推广再升级！AI数字人矩阵正引领智能吸粉新时代。这一革命性变革，不仅重塑了引流策略，更为短视频创作开辟了新路径。从零到一，轻松构建你的数字人矩阵，但需注意规避风险，确保效果最大化。

9.2.1 定义与解析：数字人矩阵引流的革命性变革

扫码看教学视频

AI数字人，是AI与仿真技术融合的产物，是一种高度仿真的虚拟人物。它们不仅拥有与人类相似的外貌、语音交互能力，还具备一定的认知能力，能够与人类进行自然流畅的交流与互动。这些数字人以其逼真的形象和独特的吸引力，为用户提供了全新的视觉享受。

在商业领域，AI数字人表现出色，迅速成为吸引用户关注、提升品牌影响力的利器。它们不仅能够在广告、宣传片中担任主角，还能够通过直播、短视频等形式与用户进行深度互动，增强用户的参与感和品牌忠诚度。同时，AI数字人的出现也极大地丰富了短视频的表现形式。借助先进的AI技术，创作者可以轻松地制作出风格各异、内容丰富的短视频作品，满足用户多样化的观看需求。

例如，腾讯智影是深圳市腾讯计算机系统有限公司开发的一款云端智能视频创作工具，它借助强大的AI功能，为用户提供文本配音、数字人播报、自动字幕识别等高效便捷的视频创作服务。其中，数字人功能尤为出色，用户仅需输入文本或音频内容，即可快速生成风格多样的数字人播报视频。同时，该工具还支持多种数字人形象选择和背景自定义功能，极大地降低了数字人内容的创作门槛，如图9-3所示。

图 9-3　腾讯智影的数字人模板示例

而AI数字人矩阵引流则是一种创新的营销策略。它利用AI技术生成的数字人形象，并结合矩阵式的多渠道发布策略，通过多个社交媒体、自媒体或电商平台等渠道，实现内容的广泛传播和用户的深度互动。这种策略不仅能够有效提升品牌的曝光度和粉丝数量，还能够通过精准的用户画像和数据分析，提高转化率，实现营销目标的最大化。

9.2.2 实施步骤：从零到一，构建你的数字人矩阵

扫码看教学视频

数字人矩阵引流的构建与实施是一个系统而细致的过程，以下是从零到一，构建数字人矩阵的5个关键步骤。

（1）策划与准备

运营者实现AI数字人矩阵引流的第一步是要做好前期的策划与准备工作，如图9-4所示。

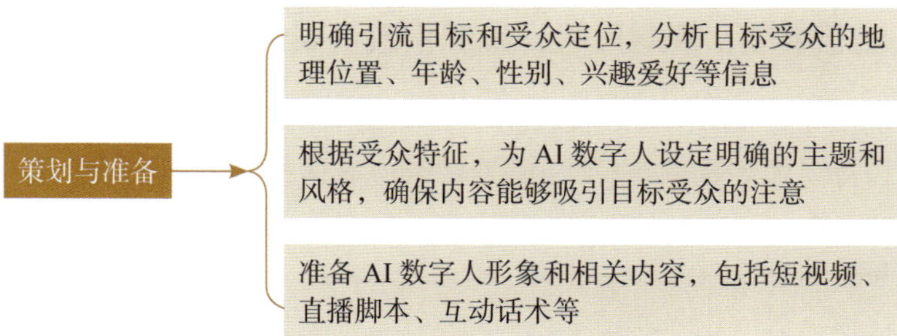

图 9-4　策划与准备的 3 个步骤

（2）技术搭建与平台选择

做好前期的策划与准备工作后，运营者要选择合适的AI数字人生成平台，选择或创建符合目标受众喜好的数字人形象，确保数字人形象逼真、自然。同时，在多个短视频平台注册并认证账号，如抖音、快手、B站、小红书等，形成矩阵布局。

（3）内容策划与制作

内容是数字人矩阵引流的核心。运营者需结合目标受众的需求和兴趣，策划出有趣且富有创意的短视频或直播内容。这些内容可以涵盖行业动态、产品介绍、知识分享等多个方面，旨在吸引目标受众的注意力，并引导他们进行互动和分享。在制作过程中，应充分利用数字人矩阵的优势，快速生成多样化的内容形式，以适应不同平台的需求。同时，注重内容的质量和创意性，确保内容具有足够的吸引力和传播性。

（4）多平台矩阵化分发

制作完成后，运营者需将短视频或直播内容一键发布到多个短视频账号上，实现多渠道推广。在选择发布时间和形式时，应充分考虑目标受众的喜好和平台特点。通过矩阵化分发，可以最大化地扩大内容的曝光度和影响力，从而吸引更多流量。在此过程中，务必遵守各平台的规则和政策，避免违规操作导致账号被封禁或降低权重。

（5）监测与优化

最后，通过AI技术收集和分析用户数据，实时监控引流过程中的各项指标，如观众人数、互动频率、转化率等，以适应目标受众的变化和需求。根据数据分析结果优化内容策略和推广方式，以提高引流效率。同时，关注用户反馈和互动情况，及时回复用户留言和评论，提高用户参与度和粘性。

9.2.3 注意事项：规避风险，确保引流效果最大化

扫码看教学视频

数字人矩阵引流需要注意合规性、用户隐私保护、技术稳定性、内容质量和持续优化等多个方面，只有综合考虑这些因素，才能更好地实现数字人矩阵的有效引流和品牌推广，下面介绍数字人矩阵引流的几个注意事项，如图9-5所示。

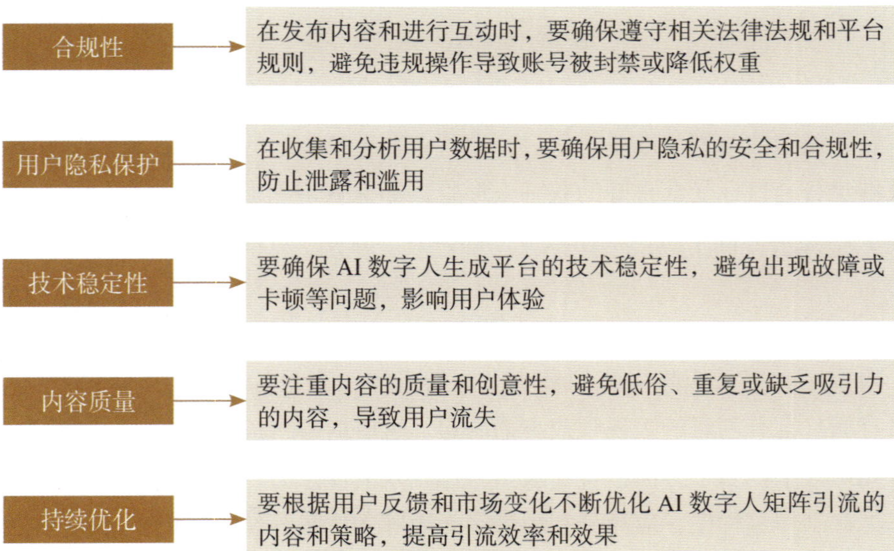

图 9-5　数字人矩阵引流的注意事项

9.2.4　案例展示：AI数字人的成功实践与应用

扫码看教学视频

【效果展示】在剪映电脑版中生成数字人形象，为其添加字幕文案和设置背景样式，以制作出符合需求的数字人，效果展示如图9-6所示。

图 9-6　效果展示

下面介绍在剪映电脑版中制作AI数字人的操作方法。

步骤 01 打开剪映电脑版，进入“媒体”功能区，单击“素材”选项卡中的“导入”按钮，如图9-7所示。

步骤 02 弹出“请选择媒体资源”对话框，❶全选文件夹中的图片素材；❷单击“打开”按钮，如图9-8所示，导入素材。

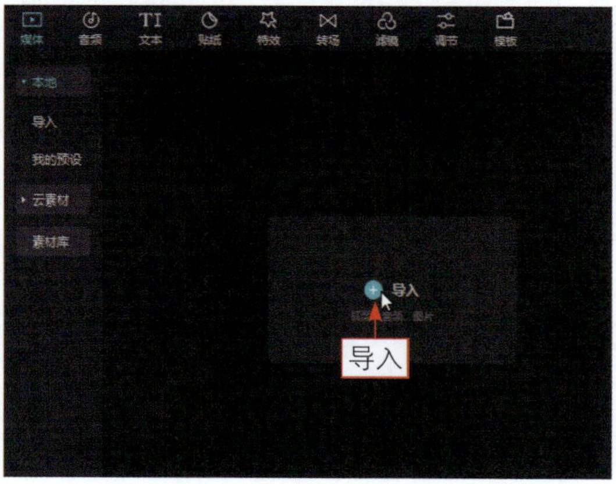

图 9-7　单击“导入”按钮

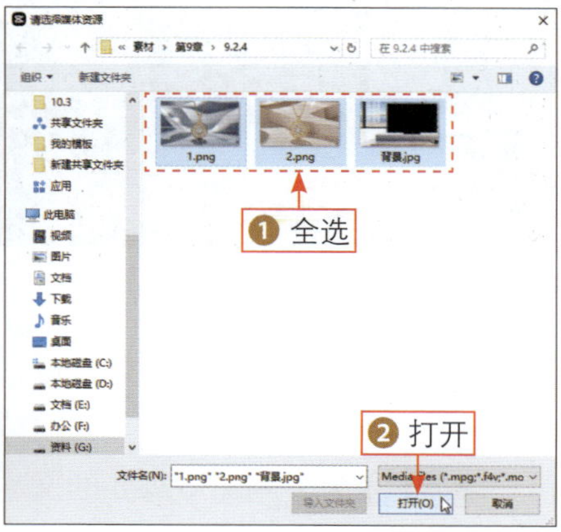

图 9-8　导入素材

步骤 03 执行操作后，单击背景素材右下角的“添加到轨道”按钮，如图9-9所示，将背景素材导入视频轨道中。

步骤 04 为了添加数字人，❶单击“文本”按钮，进入“文本”功能区；❷单击“默认文本”右下角的“添加到轨道”按钮，如图 9-10 所示，添加文本。

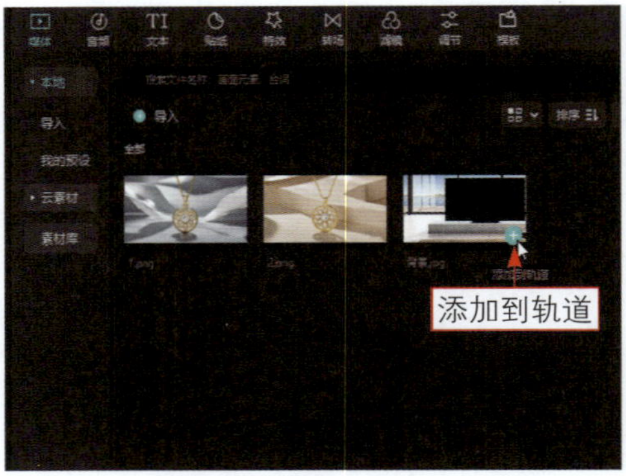

图 9-9　添加背景素材到轨道

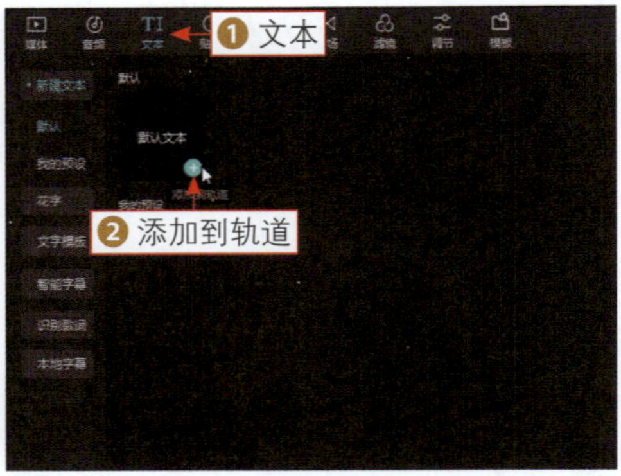

图 9-10　添加文本

步骤 05 在“文本”操作区中，输入相应文本内容，如图9-11所示。

步骤 06 ❶单击“数字人”按钮，进入“选择数字人”操作区，切换至“亚洲”选项卡；❷选择“婉婉-学姐”选项；❸单击“下一步”按钮，如图9-12所示。

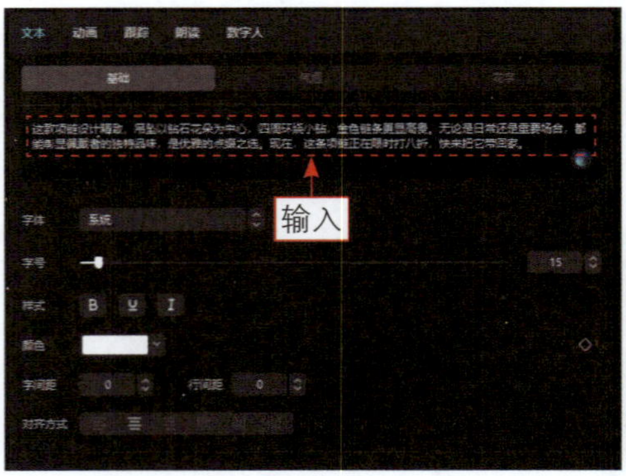

图 9-11　输入相应文本内容

图 9-12　选择数字人

步骤 07 进入“配音”操作区，❶默认选择“亲切女声”选项；❷单击“生成”按钮，如图9-13所示，即可生成数字人视频素材。

步骤 08 为了删除不需要的文本，❶选择文本；❷单击“删除”按钮，如图9-14所示，删除文本。

步骤 09 在视频轨道中，调整背景素材与数字人视频一致，如图9-15所示。

步骤 10 选中数字人视频素材，单击“画面”按钮，进入“画面”操作区。设置“缩放”参数为95%，设置“位置”中的X参数为-1240、Y参数为-51，如图9-16所示，即可调整数字人位置和大小。

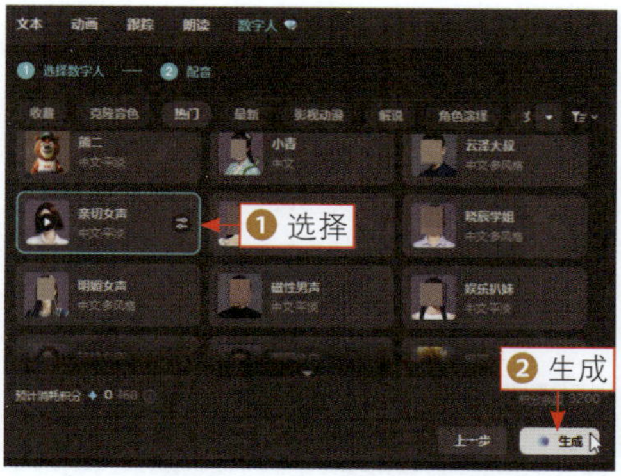

图 9-13　生成数字人视频素材

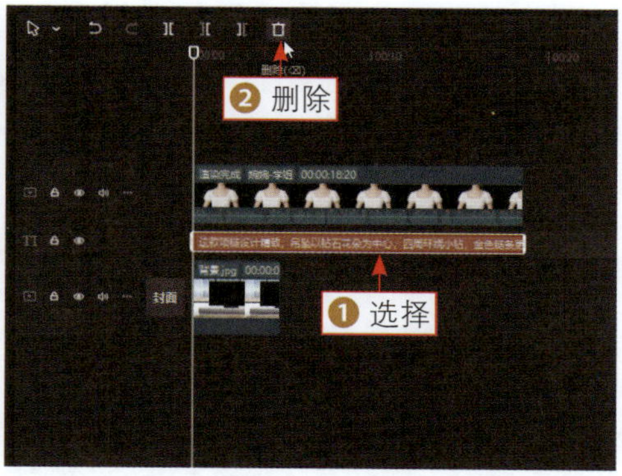

图 9-14　删除文本

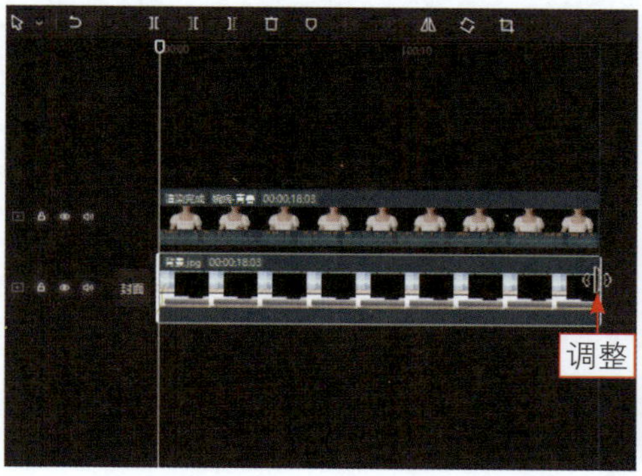

图 9-15　调整背景素材与数字人视频一致

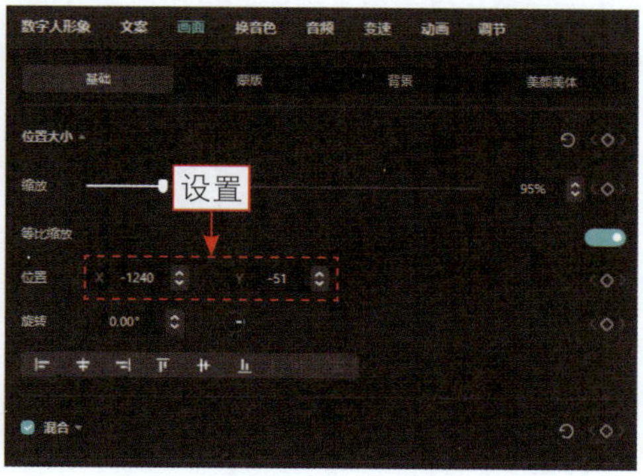

图 9-16　调整数字人位置和大小

步骤 11 将第1张图片素材拖曳至视频轨道中，并调整第1张图片素材至相应位置，如图9-17所示。

步骤 12 将第2张图片素材拖曳至第1张图片素材后面，并调整第2张图片素材与数字人视频素材一致，如图9-18所示。

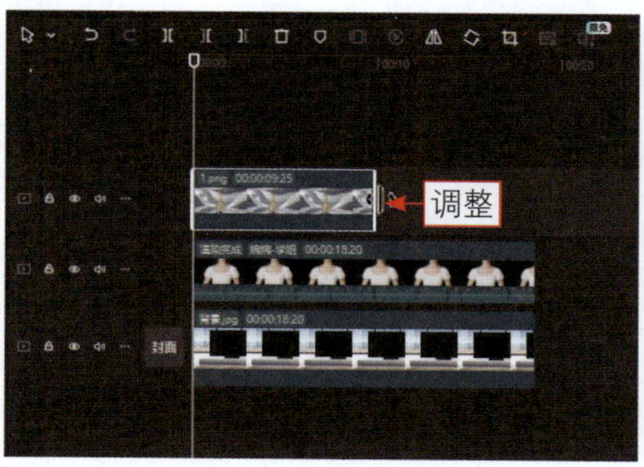

图 9-17　调整第 1 张图片素材至相应位置

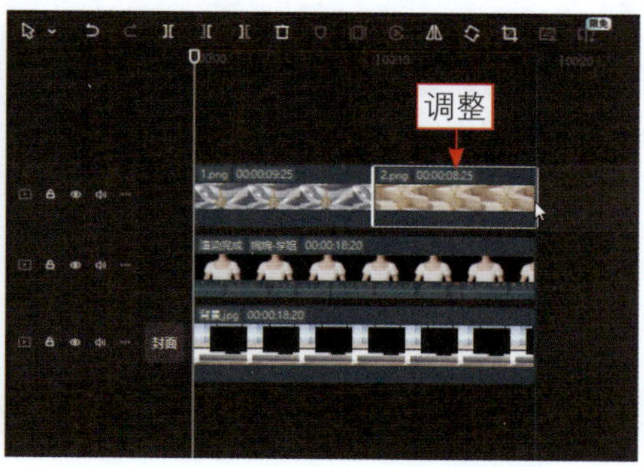

图 9-18　调整第 2 张图片素材的位置

步骤13 选中第1张图片素材，在“画面”操作区中，❶设置“缩放”参数为63%；❷设置“位置”中的X参数为634、Y参数为276，如图9-19所示，调整图片的位置和大小。

步骤14 选中第2张图片素材，在“画面”操作区中，❶设置“缩放”参数为63%；❷设置“位置”中的X参数为637、Y参数为275，如图9-20所示，调整图片的位置和大小。

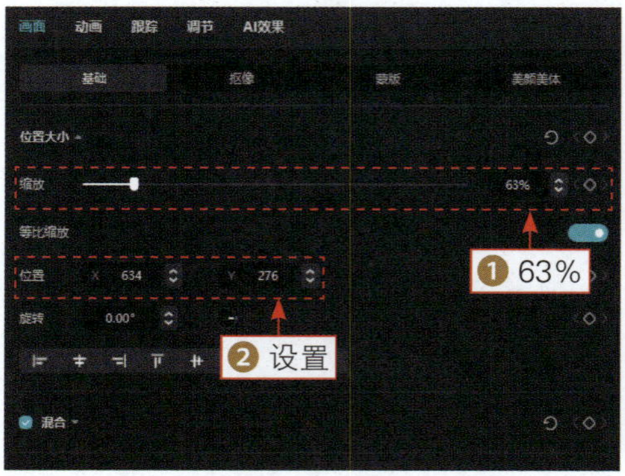

图 9-19　设置第 1 张图片的参数

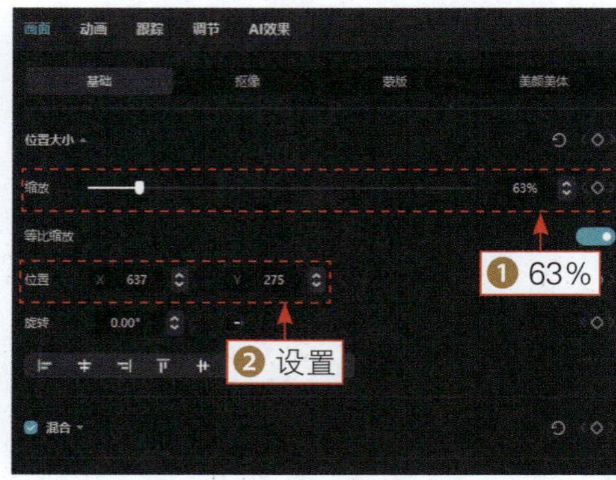

图 9-20　设置第 2 张图片的参数

步骤15 在功能区中，❶单击“文本”按钮，进入“文本”功能区；❷在“智能文本”|“智能字幕”选项区中；❸单击“开始识别”按钮，如图9-21所示。

步骤16 识别出字幕之后，在轨道中适当调整文本时长，如图9-22所示。

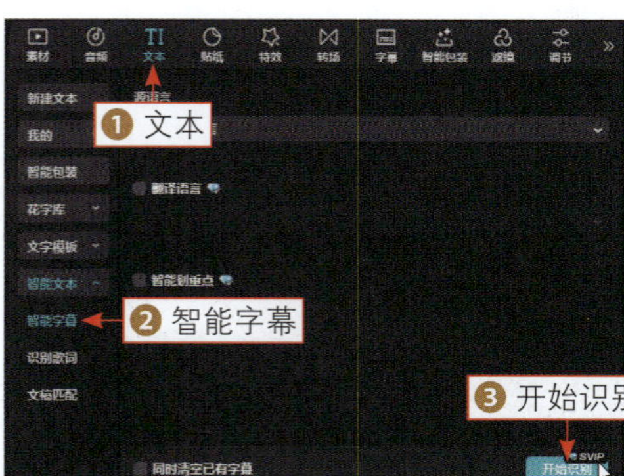

图 9-21　识别字幕

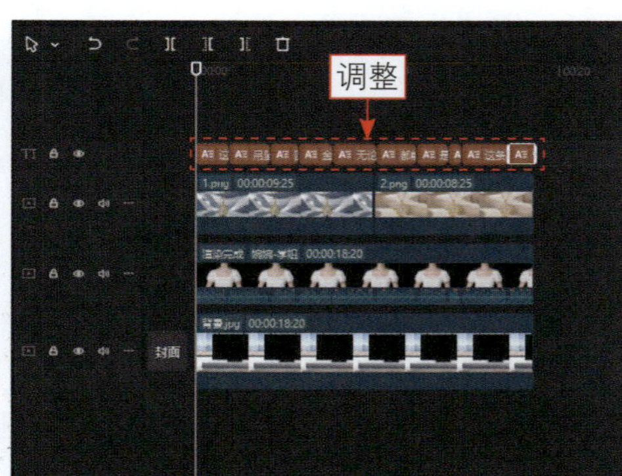

图 9-22　调整字幕文本时长

步骤17 在轨道中选中第一个文本，❶进入“文本”操作区；❷设置“字体”为“黑体”；❸设置“字号”为9；❹在预览窗口中，适当调整字幕的位置，如图9-23所示。

图 9-23　调整字幕的位置

步骤 18 ❶切换至“音频”功能区；❷在“音乐库”选项卡中搜索需要的背景音乐；❸在搜索结果中单击相应音乐右下角的“添加到轨道”按钮，如图9-24所示，为视频添加新的背景音乐。

步骤 19 ❶选中背景音乐；❷将时间轴拖曳至背景素材的末尾位置；❸单击“向右裁剪”按钮，如图9-25所示，即可裁剪多余的背景音乐。

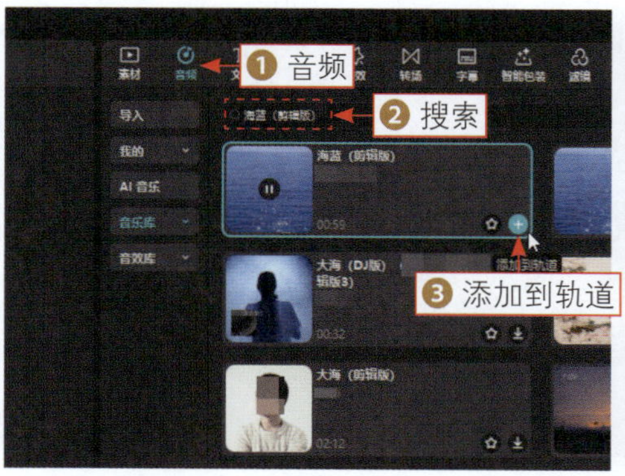

图 9-24　添加背景音乐

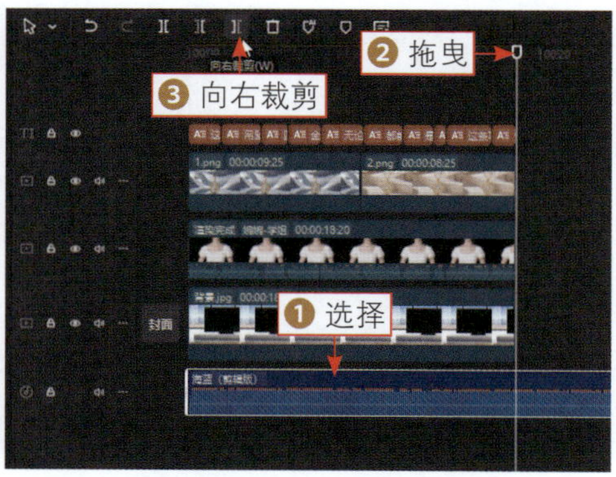

图 9-25　裁剪背景音乐

步骤 20 在“基础”操作区中，设置“音量”参数为-11.6dB，如图9-26所示，降低背景音乐的音量，使朗读音频更明显。

步骤 21 单击“导出”按钮，如图9-27所示，即可导出制作好的视频。

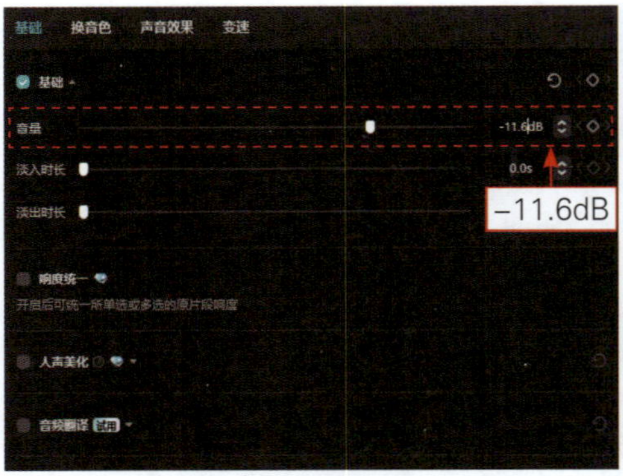

图 9-26　设置“音量”参数

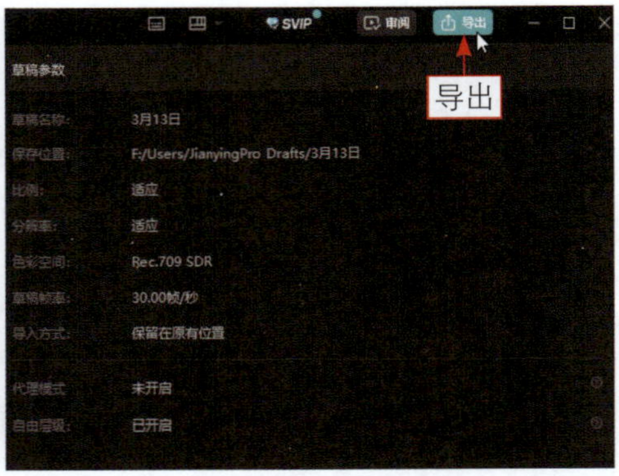

图 9-27　单击“导出”按钮

9.3　AI 助力短视频推广：颠覆传统，重塑营销格局

在短视频编导的征途上，AI正成为一股不可忽视的力量，它助力推广策略颠覆传统模式，重塑营销新格局。从内容创作到精准分发，从数据分析到策略优化，AI技术不仅革新了短视频的制作与推广方式，还将引领营销手段的创新与升级。本节将介绍AI如何助力短视频编导，实现粉丝积累与营销效益的双重飞跃。

9.3.1　内容创作与分发：打造爆款，精准触达

扫码看教学视频

AI数据分析在短视频引流推广中扮演着至关重要的角色，特别是在打造爆款和精准触达方面。下面讲解AI如何助力短视频推广。

（1）数据驱动的市场洞察

借助AI数据分析技术，短视频运营者可以深度挖掘电商平台上的海量市场数据，包括消费者行为模式、行业发展趋势、竞争对手策略等。通过高级算法处理，这些数据将被转化为清晰的市场洞察，揭示出潜在的市场趋势和消费者偏好，为短视频内容的策划和分发提供有力依据。

（2）精准的市场趋势预测

基于数据驱动的市场洞察，AI模型能够运用时间序列分析、机器学习预测等先进技术，对短视频市场的未来趋势进行高精度预测。这些预测不仅涵盖观看量、点赞量、转发量等量化指标，还涉及消费者兴趣的变化、新兴话题的崛起等定性趋势，为短视频的战略规划和内容创新提供前瞻性的指导。

（3）决策支持系统的构建

短视频平台可以整合市场趋势预测结果与内部运营数据，构建智能化的决策

支持系统。该系统能够自动生成详细的报告、图表和可视化分析工具，帮助运营者快速把握市场动态，评估不同推广策略的效果，从而做出更加明智的决策。

（4）实时决策支持能力

AI数据分析技术使短视频平台具备实时决策支持能力。通过实时监控市场变化和内部运营数据，系统能够迅速识别潜在问题和机遇，为运营者提供即时反馈和建议。这种实时性不仅提高了决策效率，还使短视频平台能够灵活应对市场波动，及时调整推广策略，保持竞争优势。

（5）跨部门协同与决策优化

在短视频引流推广过程中，市场趋势预测与决策支持不仅限于某个部门或团队。通过构建跨部门的数据共享与协同机制，短视频平台可以确保各个部门都能及时获取准确的市场信息和决策支持。这种协同作战的方式有助于打破信息孤岛，促进部门间的沟通与合作，共同推动短视频平台的整体发展。同时，通过不断优化决策流程和数据分析模型，短视频平台能够持续提升决策的科学性和有效性，为积累百万粉丝奠定坚实基础。

9.3.2 数据分析与优化：洞察数据，持续优化

扫码看教学视频

在短视频领域，AI技术凭借其自动化、精准化和实时化的数据收集能力，显著提升了数据收集的效率与质量。利用AI工具，运营者可以轻松地获取并分析来自各种短视频平台的数据，为内容策划、拍摄、制作以及营销策略的制订提供强有力的数据支撑。AI在短视频数据收集方面的作用尤为突出，具体体现在以下几个方面，如图9-28所示。

高效性 → AI 技术能够自动从互联网上收集大量相关信息，显著提高数据收集的效率

精准性 → 利用自然语言处理和机器学习技术，AI 能够精准识别并提取所需的数据，减少误差

实时性 → AI 支持实时监控和网站信息抓取，确保数据采集的及时性和新鲜度

图 9-28　AI 对短视频数据收集的作用

AI技术能够对收集到的数据进行清洗和处理，去除重复、无效或错误的数据，预处理后的数据更适合后续的分析和建模。另外，AI还可以将来自不同来源的数据进行整合，形成一个完整的数据集，这有助于用户进行跨平台、跨渠道的数据分析。

9.3.3 创新营销手段：突破传统，引领潮流

扫码看教学视频

AI内容表现数据分析是当前短视频领域中的一项重要技术，它利用AI的强大数据处理和分析能力，帮助运营者更好地了解内容的表现情况，从而优化内容策略、提升用户参与度和实现更好的商业效果。

AI分析短视频内容表现数据的过程如下。

（1）数据收集

AI技术自动从各大短视频平台（例如抖音、快手、视频号、微信公众号、微博及B站等）全面搜集与内容表现紧密相关的数据。这些数据涵盖了阅读量、观看次数、点赞数、评论数、分享数、转发数、收藏数、用户停留时间以及跳出率等一系列关键指标。

（2）数据预处理

AI技术对收集到的数据进行细致清洗、去重及格式化处理，以确保数据的准确性和一致性。通过智能识别并妥善处理异常值及缺失值，AI技术显著提升了数据质量，为后续分析奠定了坚实基础。

（3）数据分析

利用先进的AI算法，对预处理后的数据进行深度挖掘，揭示数据中的隐藏规律和趋势。分析内容广泛涵盖目标用户画像（如用户特征、地域分布、年龄性别等）、内容质量评估（如阅读深度、互动率、转化率等）、内容热度预测（如话题热度、流行趋势等），以及对竞争对手的全面剖析（如内容类型、发布策略、用户反馈等）。

（4）数据可视化

将复杂的分析结果转化为直观易懂的图表形式，如柱状图、折线图、饼图及热力图等。这些图表清晰展示了数据的变化趋势，有助于运营者迅速把握内容表现，洞察潜在问题与机遇。

（5）报告生成与策略优化

基于深入分析的结果，生成详尽的数据分析报告。报告内容全面覆盖内容表现概览、关键指标深度分析、未来趋势预测等方面。这份报告为运营者提供了宝贵的决策支持，助力其精准优化内容策略，提升用户参与度，并达成更佳的商业效果。

9.3.4 提升营销效率：高效执行，倍增收益

扫码看教学视频

AI模型通过大数据分析和机器学习技术，可以预测短视频的关键

指标，如阅读量、点赞数、评论数、分享量等。这些预测基于详尽的历史数据和深入的用户行为模式分析，为短视频内容策略与推广计划的提前规划提供了有力支持。

AI模型可以识别出影响这些指标的关键因素，如发布时间、内容类型、受众群体等，从而优化发布策略，提高内容的曝光度和互动率。

例如，FineReport是一款专业的数据分析工具，提供了强大的报表制作功能和灵活的数据可视化能力，相关示例如图9-29所示。

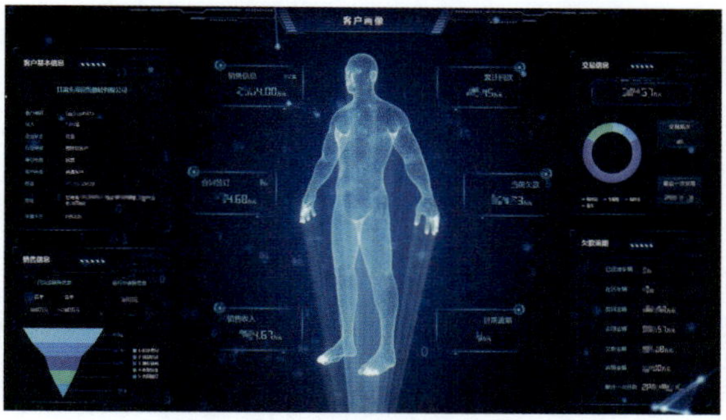

图 9-29 FineReport 的数据可视化示例

9.3.5 市场营销计划：策略先行，全局把控

扫码看教学视频

天工AI可以用来收集、解析和理解市场相关的数据和信息，处理大量的文本信息，从而提供深刻见解。通过对话交互，运营者快速获取分析结果，优化决策，全局把控市场营销计划，颠覆传统的推广模式，重塑短视频营销格局。具体操作方法如下。

步骤 01 登录并进入天工AI的“对话”页面，❶在输入框中输入提示词；❷单击“搜索”按钮，如图9-30所示。

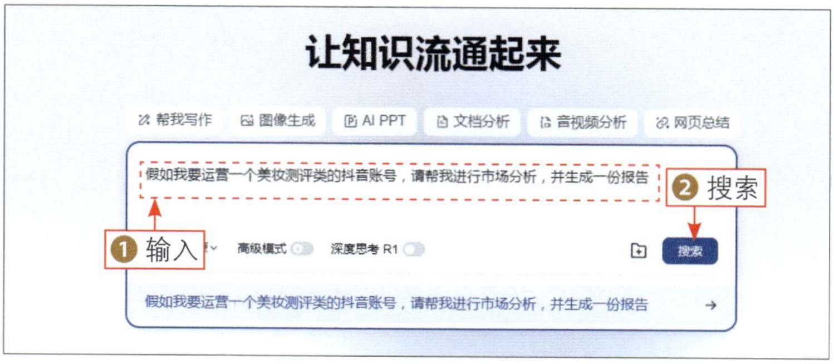

图 9-30 发送提示词

步骤 02 执行操作后，即可发送提示词，让天工AI生成相应的结果，相关提示词及回复内容如下。

提示词

假如我要运营一个美妆测评类的抖音账号，请帮我进行市场分析，并生成一份报告。

天工AI

以下是一份关于运营美妆测评类抖音账号的市场分析报告。
一、市场概述
近年来，抖音美妆账号行业规模持续扩大，用户数量和市场规模均呈现快速增长态势。随着抖音平台用户基数的不断扩大和用户活跃度的提高，以及美妆市场的消费升级和个性化需求，美妆测评类账号的发展前景广阔。
二、行业主要参与者
品牌官方账号：各大美妆品牌在抖音平台上开设官方账号，发布产品信息、推广活动和品牌形象等内容，与消费者互动，提高品牌知名度和美誉度。
个人美妆博主：凭借独特的化妆技巧、创意内容制作和良好的粉丝基础，吸引了大量关注和粉丝，成为行业的重要参与者。
网红/明星账号：通过自身的影响力和粉丝基础为美妆品牌进行推广。
……

9.3.6 营销策略建议：专业指导，精准施策

扫码看教学视频

天工AI凭借其在处理销售记录、客户反馈及市场动态等方面的强大能力，帮助企业深度解读市场偏好，精准预测需求变迁，并细致剖析客户行为模式。这一系列洞察助力企业优化销售策略，提升业绩。

通过对话交互形式，用户能够便捷地查询特定数据细节，即时获取天工AI提供的深度分析结果。这种即时反馈机制，使企业在竞争激烈的市场环境中能够迅速响应，精准施策，从而在短视频推广领域占据先机，颠覆传统营销格局，重塑市场策略优势。相关成功案例进一步验证了天工AI在短视频营销策略制订中的显著价值。

提示词

假设我是一名刚加入抖音的美食博主，现在要写一篇有吸引力的美食短视频文案，以“长沙特色小吃”为主题，创作一篇抖音爆款笔记

天工AI

长沙特色小吃，一口就上瘾的美味
宝子们，今天我要带你们走进长沙的美食天堂！长沙，一个吃货的天堂，每一条街巷都

藏着让人欲罢不能的美味小吃。今天就让我来带你们一探究竟，感受这火辣辣的长沙美食魅力！

第一站：臭豆腐

说到长沙，怎么能不提臭豆腐呢？这可是长沙的招牌小吃！外表黑乎乎的，闻起来臭，但一口下去，外酥里嫩，香辣可口。那独特的豆香和辣椒的完美融合，简直是绝配！配上一杯冰爽的茶饮，一口臭豆腐，一口茶，简直是人生一大享受。

第二站：糖油粑粑

糖油粑粑，长沙的甜蜜宝藏！一个个圆滚滚的糯米团子，在油锅里翻滚，金黄诱人。咬一口，软糯香甜，糖汁在嘴里四溢，甜而不腻。每一口都是满满的幸福感，仿佛回到了童年，那种简单的快乐，让人回味无穷。

……

9.3.7　推广计划制订：多渠并进，全面覆盖

扫码看教学视频

在短视频商业化进程中，精准把握市场动态与消费者行为是成功的关键。AI的高级分析能力能够从纷繁复杂的市场数据中提炼出宝贵的商业洞察，无论是追踪行业趋势、评估竞争态势，还是洞悉消费者需求，AI都发挥着不可或缺的作用。

运营者可以借助AI工具获取深入的市场分析报告、用户行为预测及商业机遇识别，从而为短视频的商业决策提供坚实的数据支撑。有了AI的助力，短视频运营者能在竞争激烈的市场环境中更加从容地导航，力求实现商业价值的最大化。

例如，小红书平台的运营者要想了解该平台的电商交易规模，可以利用天工AI中的“商业信息查询”智能体来查询相应的数据，相关案例如下。

步骤 01 登录并进入天工AI的“对话”页面，❶在输入框中输入提示词；❷单击“搜索”按钮，如图9-31所示。

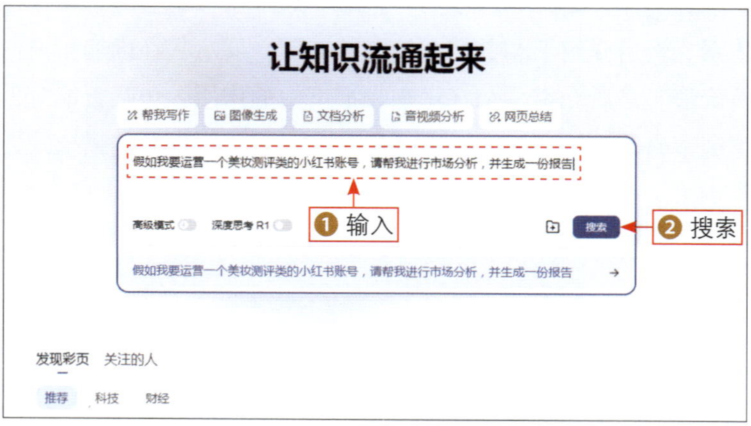

图 9-31　发送提示词

步骤 02 执行操作后，即可发送提示词，让天工AI生成相应的结果，相关提示词及回复内容如下。

提示词

你是一名热爱旅游的抖音博主，请为[桃花林]做一个抖音宣传片脚本，视频时长1分钟左右，脚本的具体要求是：
1.有转场、旁白、场景拍摄以及背景音乐（请根据主题给出适配的音乐名称）
2.整体能吸引人的眼球，开头5秒要能抓住观众

天工AI

【抖音宣传片脚本：《桃花林的秘境之旅》】
开场画面（0—5秒）
镜头：快速拉近的航拍，从高空俯瞰一片绚烂的桃花林，阳光穿透云层，洒在粉嫩的花瓣上，闪烁着金光。
旁白："在这片被时光遗忘的仙境，有一场春天的密语，正等待你来聆听。"
背景音乐：《桃花笑》（轻快版），旋律悠扬，带有浓厚的古风韵味，瞬间抓住观众的心。
转场：快速过渡到地面视角，花瓣随风轻轻飘落，镜头缓慢推进。
场景一（5—20秒）
镜头：慢动作捕捉桃花瓣飘落的瞬间，配以微距镜头展现花瓣细腻纹理。
旁白："走进桃花林，每一步都踏着芬芳，每一眼都是画卷。"
……

本章小结

本章主要介绍了AI如何助力短视频引流与推广，实现精准吸粉与高效传播。首先介绍了多种引流策略，如原创内容打造、矩阵账号运营等，帮助创作者构建稳定增长体系。然后介绍了AI数字人矩阵的应用，展示其在内容生产与用户互动中的变革性价值。最后介绍了AI在短视频推广中的作用，包括智能分发、数据优化、创新营销策略等，助力内容精准触达。AI正重塑短视频传播模式，提升商业化与品牌影响力。

课后习题

鉴于本章知识的重要性，为了帮助读者更好地掌握所学知识，本节将通过课后习题，帮助读者进行简单的知识回顾和补充。

扫码看教学视频

【问】在AI助力短视频推广中，提升营销效率的关键是什么？

【答】提升营销效率的关键在于高效执行和倍增收益。这要求在实施推广计划时，能够快速响应市场变化，优化推广流程，同时利用AI技术提高内容创作和分发的效率，从而实现收益的最大化。具体来说，可以通过自动化工具、智能推荐系统等方式来提高执行效率和精准度。

【问】AI数字人矩阵引流相较于传统引流方式，其革命性变革主要体现在哪个方面?

【答】AI数字人矩阵引流通过智能化的手段，能够更高效地吸引粉丝，同时提供了全新的互动体验，这是其相较于传统引流方式的革命性变革。